国家自然科学基金项目(U1361213,51504009,51474010,51874008)资助
江苏省杰出青年基金项目(BK20140005)资助
煤矿安全高效开采省部共建教育部重点实验室资助

防治煤自燃的凝胶泡沫及特性研究

张雷林　秦波涛　著

U0337643

中国矿业大学出版社

图书在版编目(CIP)数据

防治煤自燃的凝胶泡沫及特性研究/张雷林,秦波
涛著. —徐州:中国矿业大学出版社,2018.8

　ISBN 978 - 7 - 5646 - 3844 - 3

　Ⅰ.①防… Ⅱ.①张…②秦… Ⅲ.①煤炭自燃—泡
沫灭火—灭火剂—研究 Ⅳ.①TU998.13

　中国版本图书馆 CIP 数据核字(2017)第 323916 号

书　　名	防治煤自燃的凝胶泡沫及特性研究
著　　者	张雷林　秦波涛
责任编辑	姜　华
出版发行	中国矿业大学出版社有限责任公司
	（江苏省徐州市解放南路　邮编221008）
营销热线	(0516)83885307　83884995
出版服务	(0516)83885767　83884920
网　　址	http://www.cumtp.com　**E-mail**:cumtpvip@cumtp.com
印　　刷	虎彩印艺股份有限公司
开　　本	787×1092　1/16　**印张** 9.25　**字数** 160 千字
版次印次	2018 年 8 月第 1 版　2018 年 8 月第 1 次印刷
定　　价	30.00 元

（图书出现印装质量问题,本社负责调换）

前　言

　　矿井火灾是煤矿生产中的主要自然灾害之一。矿井火灾不仅会烧毁大量的煤炭资源和设备,产生大量的高温烟流和有毒有害气体,严重危及井下人员的生命安全,而且还可能诱发瓦斯爆炸、煤尘爆炸、顶板冒落以及井巷垮塌等二次灾害,进一步扩大其灾害性。我国每年都有多起矿井火灾恶性事故发生,给矿井带来巨大的灾难和损失。近年来,随着综采放顶煤技术的推广和应用,煤矿生产效率大幅度提高,但是这种采煤方法冒落高度大、采空区遗留残煤多、漏风严重,使得井下煤炭自然发火更加频繁。同时,随着矿井向深部区域采掘,煤层瓦斯含量逐渐增大,低瓦斯矿井转变为高瓦斯或突出矿井。为防治瓦斯事故,我国常采用瓦斯抽采作为治理瓦斯的根本措施,但是在瓦斯抽采过程中,由于增加了抽采区域的漏风,因而引起的煤炭自燃问题变得十分突出。即在提高瓦斯安全性的同时也必将使自然发火安全性降低,反之,降低自然发火危险性的同时又不能满足安全排放瓦斯的要求,容易导致两种安全隐患的顾此失彼。

　　为了进一步提高我国煤炭自燃防治科技水平,在现有注浆、注泡沫和注凝胶防灭火技术的基础上,创新性地提出了凝胶泡沫防灭火新技术。所谓凝胶泡沫,是将聚合物分散在水中,加入发泡剂,并在氮气的作用下发泡形成的复杂混合体系。经过一段时间后,在泡沫液膜内,聚合物间相互交联形成三维网状结构,构成凝胶泡沫的刚性骨架。防灭火凝胶泡沫的性质很特别,既具有凝胶的性质,又具有泡沫的性质,兼有注三相泡沫、注凝胶、注复合胶体的优点,同时又克服了其各自的不足。

　　为深入研究凝胶泡沫技术及相关理论,并能够在煤矿推广应用,作者将"防治煤自燃的凝胶泡沫及特性研究"作为自己攻读博士学位的研究课题。该课题在导师秦波涛教授的指导下,取得了一些有价值的研究成果,并在部分矿井得到了成功应用,取得了显著的经济效益和社会效益,为我国煤炭自燃,尤其是采空区大范围、巷道高冒区、采空区隐蔽火源点煤炭自燃的防治提供了有效的技术方法。

　　本书采用理论分析、试验研究、数值模拟和现场应用相结合的研究方法,提出了凝胶泡沫形成的化学动力学过程和胶凝机理,分析了凝胶泡沫的稳定性、胶凝机制及其影响因素;研制出适合制备凝胶泡沫的稠化剂和交联剂,同时,依据稠化剂和交联剂对表面活性剂的作用特点,复配出一种发泡倍数高的凝胶泡沫发泡剂;通过试验研究了聚合物浓度、发泡倍数、温度、pH值等对凝胶泡沫黏度的影响,建立了剪切应力-剪切速率的数学模型;在此基础上,研究了凝胶泡沫在多孔介质中的渗透特性和采空区空间堆积的数值模型;研究了凝胶泡沫的成膜特性,包括成膜微观形貌、水蒸气透过性、吸水性、热辐射阻隔性和堵漏性等;试验研究了凝胶泡沫的抗温性、抗烧性、凝结堵漏性和阻化性;最后,采用凝胶泡沫治理了煤矿现场采空区、高冒区等隐蔽位置火源。

　　从研究课题的试验、理论分析、现场应用直到本书的写作等多个环节都凝聚着导师秦波涛教授的心血和汗水。他在学术上给予作者很多启发和帮助,其渊博的知识、严谨求实的治学态度、务实创新的科研作风、锲而不舍的拼搏精神和无私奉献的高尚品德使作者终身受益,在此谨向导师致以最衷心的感谢和崇高的敬意!感谢所有关心、支持、帮助过作者的各级领导、老师、同事和朋友们!感谢广大煤矿现场领导和工程技术人员的支持和帮助!

　　本书是在作者博士论文的基础上整编而成的,并得到了安徽理工大学煤矿安全高效开采省部共建教育部重点实验室资助,同时还得到了国家自然科学基金项目(U1361213,51504009,51474010,51874008)、安徽省自然科学基金项目(1608085QE114)、中国博士后科学基金项目(2016T90558,2015M571914)、安徽省博士后科学基金项目(2017B151)、江苏省杰出青年基金项目(BK20140005)和安徽理工大学中青年学术骨干项目资助,在此表示感谢!

　　本书的观点和论述难免有不尽完善之处,敬请读者和同行提出批评和指正。

张雷林
2017 年 12 月

防治煤自燃的凝胶泡沫及特性研究

2

目　录

防治煤自燃的凝胶泡沫及特性研究

1

1 绪 论

1.1 研究课题的提出

煤炭是我国的主要能源,在一次能源生产和消费结构中占 70% 左右[1-4]。全国煤炭总产量从 20 世纪 80 年代中期不足 7 亿 t 到 2016 年的 34.1 亿 t,总量增加了近 4 倍,而且社会对能源的需求仍在不断增加。据预测,"十三五"期间,煤炭消费弹性系数在 0.2~0.3 之间,年均增速为 2% 左右,2020 年全国煤炭消费量将达 43 亿 t[5,6]。我国石油储量严重不足而煤炭资源较为丰富的现状,决定了煤炭在相当长的时期内仍将是我国的主要能源[7,8]。为此,在煤炭产量快速增长的同时,必须加大安全投入,确保煤炭工业持续、稳定、健康地发展。

煤炭自燃是煤矿生产中的主要自然灾害之一。近年来,随着综采放顶煤技术的推广和应用,煤矿生产效率大幅度提高,但是这种采煤方法冒落高度大、采空区遗留残煤多、漏风严重,使得井下煤炭自然发火更加频繁。据统计,全国重点煤矿中,每年由煤炭自燃形成的火灾约 360 次[9],煤炭氧化自热形成的火灾隐患约 4 000 次[10]。我国煤矿至今仍残存火区近 800 个,封闭和冻结煤量 2 亿多吨[11]。煤炭自燃常使数千万元的机器设备被封闭在自燃火区中,大量的煤炭被冻结,合理的开拓部署和开采顺序被打乱,为矿井带来巨大的经济损失和重大的事故隐患。此外,煤炭自燃不仅给井工矿带来灾害,而且对露天矿或浅埋煤层的煤田同样不可忽视,会引发大面积的煤田火灾[12]。以新疆为例,目前该地区共有煤田火灾 44 处,火区面积达 992 万 m^2,年燃煤损失量达 552 万 t,火区威胁储量 477 亿 t,年排放 CO_2 气体达 1 238 万 t,年直接经济损失约 2 亿元[13]。内蒙古乌达、桌子山、鄂尔多斯、准格尔等几大煤田还存在 1 903 万 m^2 的煤田火区[14]。煤田火灾不仅直接烧毁不可再生的煤炭资源,而且间接造成数十倍的呆滞资源不能开采,并直接威胁煤矿的安全生产,还造成土壤沙化、植被死亡、地面塌陷,严重危害当地的生态环境和地下水资源。据不完全统计,2005～2015 年全国煤矿由煤炭自燃引起的矿井火灾事故如表 1-1 所示。

表 1-1　　　　　　2005～2015 年矿井火灾重特大事故不完全统计表

发生事故的时间	发生事故的煤矿	火灾原因	死亡人数
2015 年 10 月 9 日	江西省永吉煤矿	违规启封火区煤炭自燃	10
2014 年 3 月 12 日	安徽省任楼煤矿	采空区漏风自燃	3
2008 年 8 月 18 日	云南省尚岗煤矿	自燃导致巷道坍塌	10
2008 年 5 月 17 日	湖南省短陂桥煤矿	采空区火区复燃	8
2008 年 3 月 5 日	吉林省金安煤矿	巷道自燃导致局部冒顶	17
2007 年 6 月 24 日	辽宁省隆兴煤矿	顶板煤炭自燃	4
2005 年 1 月 21 日	辽宁省大明煤矿	废弃巷道煤炭自燃	9

　　煤炭自燃火灾是指煤体因氧化产热而发生的火灾,严重影响煤矿安全生产。据统计,大部分厚煤层为易燃煤层,在条件适宜时,就会发生自燃,危害极大。同时,随着矿井向深部区域采掘,煤层瓦斯含量逐渐增大,低瓦斯矿井转变为高瓦斯或突出矿井。为防治瓦斯事故,我国常采用瓦斯抽采作为治理瓦斯的根本措施,但是在瓦斯抽采过程中,由于增加了抽采区域的漏风,因而引起的煤炭自燃问题变得十分突出。即在提高瓦斯安全性的同时也必将使自然发火安全性降低;反之,降低自然发火危险性的同时又不能满足安全排放瓦斯的要求,容易导致两种安全隐患的顾此失彼。在我国,煤炭自燃与瓦斯隐患共存的矿井占有相当比例,如果煤层自燃的防治不到位,很容易由煤层自然发火引起瓦斯爆炸,导致特别重大的人员伤亡和经济损失。在我国,近十年就多次发生由矿井煤炭自燃引发瓦斯爆炸的重特大事故,如 2014 年 6 月 3 日,重庆砚石台煤矿 4406S2 回采工作面下隅角采空区煤自燃,点燃采空区内积聚的瓦斯发生第一次爆炸,高温火焰和冲击波造成风流紊乱导致工作面上部采空区积聚的瓦斯再次发生爆炸,共造成 22 人死亡;2013 年 3 月 29 日至 4 月 1 日,吉林八宝煤矿−416 m 采区附近由于采空区漏风,造成煤炭自然发火引起采空区瓦斯连续爆炸,共造

成 53 人死亡。表 1-2 为 2005 年以来我国煤矿煤炭自燃引发的部分瓦斯爆炸事故统计表。

表 1-2　　2005 年以来由煤炭自燃引发的部分瓦斯爆炸事故统计表

时 间	煤 矿	事故的地点	死亡人数
2015 年 10 月 9 日	江西省永吉煤矿	采空区	10
2014 年 7 月 5 日	新疆大黄山豫新煤业有限责任公司	综采工作面	17
2014 年 3 月 12 日	安徽省任楼煤矿	采空区	3
2013 年 3 月 29 日	吉林省八宝煤矿	采空区	36
2010 年 6 月 25 日	云南省毕草凹煤矿	1520 采面	5
2008 年 5 月 17 日	湖南省短陂桥煤矿	采空区	8
2008 年 8 月 18 日	辽宁省柏家沟煤矿	采煤面	26
2007 年 4 月 30 日	山西省刘家村非法煤矿	采面	14
2007 年 1 月 8 日	广西龙燕村非法煤矿	盗采巷道	3
2006 年 12 月 28 日	吉林省双鑫煤矿	采空区	4
2006 年 6 月 28 日	辽宁省五龙煤矿	331 采区	32
2005 年 1 月 21 日	辽宁省大明煤矿	废弃巷道	9

　　矿井开采中煤自燃主要发生在存在漏风通道的采空区、开切眼、停采线、地质构造带、巷道顶部的高冒区等地点。目前治理这些地点的煤炭自燃主要有灌浆、注惰性气体、喷洒阻化剂、注凝胶、注泡沫以及注三相泡沫等[15-19]，这些技术对保障煤矿安全生产起到了重要作用，但都存在一些不足，例如：灌浆，浆液在采空区只沿着地势低的地方流动，不能均匀覆盖煤体，不能向高处堆积、易形成"拉沟"现象；注惰气，因难以形成封闭空间，惰气易随漏风逸散，导致其灭火降温能力较弱；喷洒阻化剂，腐蚀井下设备和危害工人身心健康，防灭火效果也不理想；注凝胶，流量小，成本高，扩散范围小；注泡沫甚至三相泡沫，虽然对远距离采空区中高位空间灭火起到了一定作用，但泡沫稳定性差，一般 8～12 h 即破灭，不能持久有效地防治煤炭自燃。因此，进一步开发矿井防灭火新技术措施防治煤炭自燃，减少煤炭资源的浪费，对保证矿井安全生产、改善井下作业环境具有巨大的经济价值和重要的社会意义。

1.2 国内外研究现状

近年来,随着煤矿开采程度的增大,高产高效新技术的不断发展,矿井的不断延深开拓,通风系统的相对复杂化,煤层自燃危险性有明显增大的趋势。而环境的复杂性、煤自燃危险区域的隐蔽性使现有的煤自燃防治技术难以满足集约化矿井安全生产的需要。为抑制、减少煤层自燃火灾事故的发生,世界各国的科研机构和生产部门对煤自燃火灾防治技术进行了大量的理论探讨、试验研究和现场应用等,试图完善煤炭自燃火灾防治技术。

1.2.1 煤炭自燃防治的国内外研究现状

对煤炭自燃的防治,直到 20 世纪 50 年代才真正引起国内外人们的广泛关注,但由于当时煤矿开采规模比较小,机械化程度低,在煤炭自然发火防治的初期,防治措施比较单一,主要的防治措施就是灌浆,这一手段对当时的煤炭自燃防治起到了积极的作用。此后,随着煤矿开采规模的扩大和机械化水平的提高,特别是 70 年代末期以后,随着无煤柱开采技术的推广和综采、综放技术的应用,井下煤炭自燃问题日益严重,人们对煤炭自燃防治的研究给予极大的关注,因而煤炭自燃防治技术也取得了阶段性的发展,出现了许多新技术,在实践中提出了综合运用多种技术共同防治煤炭自燃,试图全面破坏煤炭自燃的基本条件,以杜绝自然发火[20]。目前,国内外常用的防灭火技术主要有注浆、阻化剂、均压、惰性气体、堵漏、凝胶、泡沫以及三相泡沫等。

1. 注浆技术

注浆是最早出现的防灭火方法,这一方法对扑灭井下内因火灾是比较有效的,并一直沿用至今。所谓的注浆防灭火,就是将不燃性注浆原料细粒化后与水按一定配比制成悬浮液,利用静压或动压,经由钻孔或输浆管路水力输送至矿井防灭火区,以阻止煤炭氧化或扑灭已自燃的煤体[21]。注浆技术是一项传统、简单易行、比较可靠的防灭火技术。然而随着土壤来源的稀缺和对耕地的破坏,各个国家积极开展泥浆替代材料的研究,取得了较好的效果。在这方面英国和德国较为典型,相继研制出种类繁多的灌浆材料。我国于 20 世纪 50 年代开始采用该技术防灭火,进入 70 年代后,为了解决黄土泥浆的土源问题,兖州矿务局、重庆矿务局发展了页岩制浆技术,同时开滦、平顶山等矿务局利用粉煤灰作为注浆材料进行防灭火[22]。注浆的主要作用就是隔氧与降温,即浆液对煤体起包裹作用,阻止煤氧接触,胶结浮煤,降低采空区孔隙率,增加漏风阻力。注浆作为一种有成效、稳定可靠的防灭火技术措施,具有一定的优势,但同时不可避免地存在一些缺点,如容易堵管、跑浆、溃浆等,同时浆液大量脱水会影响工作面生产、影响煤质等;另外,浆液只流向地势低的部位,不能向高处堆积,对中、高位及顶板煤体自燃防治效果差。

2. 阻化剂技术

近年来,阻化剂技术得到了推广和应用。阻化剂是阻止煤炭氧化自燃的化学药剂,又称阻氧剂。阻化剂防火技术是利用某些能够抑制煤炭氧化的无机盐类化合物,如 $MgCl_2$、$CaCl_2$ 等喷洒于采空区或压注入煤体之内以抑制或延缓煤炭的氧化,达到防止煤炭自燃的目的[23]。目前,可供使用的阻化剂主要是一些吸水性很强的有机盐类,当它们附着在煤体表面时,吸收空气中的水分,在煤的表面形成含水液膜,从而阻止了煤与氧的接触,起到了隔氧阻化作用。从微观角度来说,吸水盐类对煤样的阻化作用,主要是由于阻化剂与煤分子发生取代作用和络合作用而生成稳定的链环,提高了煤与氧化合的活化能,增加了煤分子的稳定性,抑制了煤分子的氧化断裂,从而阻止或减缓煤自燃过程。此外,这些吸水性很强的盐类能使煤体长期处于含水潮湿状态,水在蒸发时的吸热降温作用使煤体在低温氧化过程中温度不能升高,也起到了抑制煤炭自燃的作用。阻化剂防火技术工艺简单,使用设备少,阻化剂来源广,特别是对于缺土的矿区尤为适用;但是由于液膜容易干涸破裂,阻化剂有可能变成催化剂,甚至有可能起反作用,因此阻化剂对于扑灭大面积煤层火灾效果不佳[24,25]。

3. 均压技术

均压技术就是采用风窗、风机、连通管、调压气室等调压手段,改变通风系统内的压力分布,降低漏风通道两端的压差,减少漏风,从而达到抑制和熄灭火区的目的。均压技术始于 20 世纪 50 年代,由波兰 H. Bystron 教授首先提出使用,开始主要用于加速封闭火区的熄灭,在扑灭了几个长久不灭的大火区之后,该技术得到重视;到 60 年代,一些采煤技术发达的国家竞相采用,并多次获得成功。同期,我国也在淮南、辽源、开滦等矿区试用这一防灭火新技术;后来,在徐州、阜新、抚顺、大同等矿区逐渐推广[26]。这些矿区在推广应用均压防灭火技术中都有所创新,用于封闭区的均压可防止遗煤自然发火和加速火灾熄灭,用于开区的均压可以抑制工作面后部采空区遗煤自燃的发

防治煤自燃的凝胶泡沫及特性研究

展,并可消除火灾气体的威胁。根据使用条件不同、作用原理不一,均压防灭火技术可以分为开区均压和闭区均压。均压防灭火技术能降低大量的漏风,缩小采空区氧化带范围;但工作面两端压差不可能完全降低为零,因此,对工作面平巷顶煤自燃、上分层采空区自燃、煤柱自燃预防作用不大。

4. 注惰性气体

惰性气体简称惰气。矿井防灭火所用的惰气主要指不能助燃的气体,常用的有氮气、二氧化碳和湿式惰气等,其中氮气应用最为广泛。1953 年,英国罗斯林矿用罐装的液氮汽化形成的氮气扑灭了井底车场附近煤层的自然发火。1962 年,英国威尔士的弗恩希尔矿将液氮汽化后注入密闭区扑灭火灾。20 世纪 70 年代起,联邦德国在液氮防治煤自然发火技术方面发展较快,现场应用取得了良好的效果,在 1974 年至 1979 年间,41 次将液氮应用到煤矿井下防灭火[27]。而后,英国、法国、苏联、印度等也都采用了这一技术。20 世纪 80 年代,我国开始了对氮气惰化防灭火技术的研究与试验。1982 年,天府矿务局用罐装液氮进行了灭火试验;1989 年,抚顺龙凤矿利用井上氧气厂生产的氮气,通过管路输送到综放工作面采空区防止遗煤自燃取得了成功;1992年,西山杜儿坪矿利用移动式变压吸附制氮装置产生的氮气,通过管路输送到井下,有效地防止了近距离煤层群煤的自燃;1995 年,兖州兴隆庄矿利用安装在停采线附近的移动式膜分离制氮装置,有效地控制了无煤柱开采邻近工作面采空区煤的自燃。1996 年,我国已有 21 个矿区、34 个综放工作面采用注氮防灭火技术。进入 21 世纪,由于制氮装置与技术的不断发展,氮气防灭火技术已经在国有重点煤矿获得了广泛应用,已作为综放工作面防治煤自然发火的一项重要技术措施。采用惰气防灭火,惰气可充满整个空间,既能扑灭大的明火火灾,又能抑制并扑灭隐蔽火源;但惰性气体对大热容的煤体降温效果不好,灭火周期较长,火区易复燃,而且对现场的堵漏风工作也要求较高。

5. 堵漏防灭火技术

堵漏技术就是采取各种技术措施减少和杜绝向煤柱或采空区漏风,使煤缺氧而不能自燃。20 世纪 60 年代,国外就应用水砂、粉煤灰、粉煤灰加水泥等充填隔离采空区,之后在英国出现半塑性胶泥堵漏风技术。70 年代末,出现了喷涂塑料泡沫防止漏风的技术,在美国、法国、德国等出现了以聚醚或聚酯树脂和多次甲基多苯基多异氰酸酯为原料,常温快速凝固而成的聚氨酯泡沫树脂。堵漏技术和材料近年来在我国发展也很迅速,相继研究和开发出适用于巷道高冒区堵漏的抗压水泥泡沫和凝胶堵漏材料,适用于巷帮堵漏的水泥浆、高水速凝材料和凝胶堵漏材料,以及适用于采空区堵漏的均压、惰泡、凝胶和尾矿泥等技术成果,如马利散、艾格劳尼、聚氨酯等;此外还研制出具有气密性好、伸长率大等性能的纳米改性弹性体材料。

6. 胶体防灭火技术

胶体防灭火技术是近年来发展起来的新型防灭火技术。目前常用的胶体灭火材料主要有稠化胶体、复合胶体和高分子胶体材料三类。不同类型的胶体材料在防灭火方面虽然性能各异,适用于不同的火灾环境,但是其灭火机理都在于:将含有胶体添加剂的混合浆液通过钻孔或煤体裂隙输送进入高温区,其中一部分混合浆液在未成胶时在高温下水分迅速气化,快速降低煤体表面温度,残余固体形成隔离层,阻碍煤氧接触而进一步氧化自燃;另一部分流动混合浆液随着煤体温度的升高,在煤体孔隙里形成胶体,包裹高温煤体,隔绝氧气,使煤氧复合放热反应终止[28]。随着注胶过程的不断推进,成胶范围不断扩大,火势就会逐渐被扑灭。完全干涸的胶体还可以降低原煤体的孔隙率,使得通过的空气量大大减少,从而抑制复燃。但凝胶材料的基料及促凝剂用量大,在扑灭大范围火灾时,如果材料运输不便就会阻碍灭火进程。另外,某些凝胶材料在成胶过程中会产生刺激性气体而导致井下工作环境恶化。

7. 泡沫防灭火

泡沫又分为空气泡沫和惰气泡沫。空气泡沫主要是降低火源表面温度,对于煤层自燃灭火效果较差;惰气泡沫在降温的同时还降低了氧浓度,对火源起窒息作用,效果比空气泡沫好。无论是空气泡沫还是惰气泡沫,其稳定性都较差,一般几小时即全部破灭。在此基础上,江苏意创公司新研发出了罗克休泡沫,它主要是由树脂和催化剂两种聚合材料制备而成,发泡倍数达25～30倍[29]。罗克休泡沫虽然在稳定时间上有了提升,但其流动性较差,对顶煤自燃和上分层采空区浮煤自燃的防治效果不佳。

8. 三相泡沫防灭火技术

三相泡沫防灭火技术主要由王德明教授等提出。三相泡沫是将不溶性的固态不燃物(黄泥或粉煤灰)分散在液体(水)中,通入惰性气体(氮气)并添加极少量发泡剂,通过发泡器充分搅拌混合,形成固体颗粒均匀附着在气泡壁上的大量富集的含有气-液-固三相体系[30]。该技术充分利用黄泥或粉煤灰的覆盖性、氮气的窒息性和水的吸热降温性进行防灭火。现场应用表明，三相泡沫对扑灭和防治采空区大面积火灾、防治大倾角俯采综放采空区煤炭自燃、捕寻采空区高位和不明位置火源等效果相当显著。目前，三相泡沫技术已经成功应用于众多矿井，取得了显著的经济效益。但三相泡沫没有实现固化，保水能力不强，一般 8～12 h 即破灭；同时，三相泡沫破灭后，由于没有黏性，黄泥或粉煤灰并不能固结在一起，因此覆盖煤体和裂隙有时并不严实。

上述各主要防灭火材料的优缺点如表 1-3 所示。

表 1-3　　　　　　　　　　不同防灭火材料的优缺点

不同技术	主要材料	优点	缺点
注浆技术	黄泥、粉煤灰、沙子等	(1) 包裹煤体，阻止煤氧接触； (2) 胶结浮煤，降低采空区孔隙率，增加漏风阻力； (3) 工艺简单，成本较低	(1) 浆液会大量脱水； (2) 浆液只流向地势低的部位，对中、高及顶煤起不到防治作用； (3) 易跑浆和溃浆，影响工作面环境，对煤质有一定污染
阻化剂技术	$CaCl_2$、$MgCl_2$、有机物质、表面活性剂等	(1) 在煤体表面形成一层水膜，阻止煤氧接触； (2) 惰化煤体表面活性结构，阻化煤氧复合作用； (3) 使煤体长期处于潮湿状态，抑制煤体温度升高	(1) 液膜容易干涸破裂； (2) 不容易均匀分散在煤体上； (3) 部分阻化剂会腐蚀井下设备
均压技术	—	(1) 降低工作面漏风，缩小采空区氧化带范围； (2) 工艺简单，成本低	对工作面平巷顶煤自燃、上分层采空区自燃、煤柱自燃预防作用不大
注惰性气体	N_2 和 CO_2 等	(1) 减少区域氧气浓度； (2) 对井下设备无腐蚀，不影响工人身体健康	(1) 降温效果不佳； (2) 灭火周期长； (3) 火区易复燃，且对现场密闭性要求高

不同技术	主要材料	优点	缺点
堵漏技术	水泥浆、高水速凝材料、凝胶堵漏材料、聚氨酯泡沫材料等	(1) 水泥浆抗压性好； (2) 聚氨酯泡沫堵漏风效果较好，隔绝氧气与煤体接触	(1) 工作量大，回弹率高； (2) 成本高； (3) 高温时会分解并释放出有害气体
胶体技术	稠化胶体、复合胶体和高分子胶体等	(1) 包裹煤体，封堵裂隙，隔绝氧气； (2) 降低原煤体孔隙率； (3) 对局部火源效果明显	(1) 流量小，流动性差，较难大面积使用； (2) 时间长了胶体会龟裂； (3) 某些凝胶会产生有害气体； (4) 成本较高
泡沫技术	氮气（空气）、水、发泡剂	(1) 能够大范围扩散，对中、高位煤体均能覆盖； (2) 降低火区氧气浓度	(1) 稳定性差，泡沫容易破灭； (2) 一旦水分挥发，防灭火性能就消失
三相泡沫技术	粉煤灰（或黄泥）、氮气、水、发泡剂	(1) 适用于大面积中、高位火灾以及大倾角俯采工作面火灾等； (2) 即使泡沫破灭，固相成分仍能覆盖在煤体表面，隔绝氧气	保水能力不强、稳定性差

1.2.2 凝胶泡沫防灭火技术

随着人们对煤矿火灾越来越重视，各国都在致力于研究新一代防灭火材料，包括有机凝胶、高分子阻化剂、聚氨酯泡沫和高吸水树脂等。现代煤矿生产工艺的发展与科学技术的进步对抑制火灾的方法提出了更高的要求，即快速响应、灭火高效、对使用环境要求低、对环境和逃生人员安全、对扑灭和防护对象无破坏作用、能有效防止复燃现象发生，尤其是能有效扑灭大规模采空区或老空区火灾等，这些要求对灭火材料都提出了挑战。而作为三相泡沫的发展方向之一，高效、节水、稳定、对环境友好的防灭火凝胶泡沫在这些方面具有明显的优势，适用于各种类型的井下火灾，这使得它成为当今国际火灾安全技术前沿的研究热点之一。

1. 凝胶泡沫简介

凝胶泡沫是将聚合物分散在水中，加入发泡剂并在氮气的作用下发泡形

防治煤自燃的凝胶泡沫及特性研究

9

成的复杂混合体系。经过一段时间后,在泡沫液膜内,聚合物间相互交联形成三维网状结构,构成凝胶泡沫的刚性骨架。防灭火凝胶泡沫的性质很特别,既具有凝胶的性质,又具有泡沫的性质,兼有注三相泡沫、注凝胶、注复合胶体的优点,同时又克服了它们的不足,从而大大提高其防灭火效果[31]。凝胶泡沫的具体优势主要表现在以下几个方面:

(1) 水通过注入氮气发泡后形成泡沫,体积量大幅度增大,在采空区中对低、高处的浮煤都能覆盖,且能够避免"拉沟"现象;注入采空区的氮气被封装在泡沫体内,能较长时间滞留在采空区中,充分发挥氮气的窒息防灭火功能。这是凝胶泡沫比一般注浆、单纯注氮气的优越之处[32]。

(2) 凝胶泡沫具有很好的稳定性,因为凝胶泡沫的液膜具有类似冻胶的表层,大大降低了凝胶泡沫液膜的排液速度,同时在发泡剂的协同作用下,增加了马兰戈尼(Marangoni)效应,即增加了凝胶泡沫液膜的抗冲击能力,使其变得更加稳定。在试验条件下(室温、常压)经过 30 d 的观察,体系无液体析出。

(3) 凝胶泡沫体内含有氮气,注入采空区的氮气能较长时间滞留在采空区内,可有效地稀释防治区域内氧气和可燃气体,达到降低氧气和可燃气体浓度的目的,使区域内达到缺氧的状态,阻止煤的进一步氧化。这是凝胶泡沫的防灭火性能比凝胶的优越之处。

(4) 凝胶泡沫中含有液相成分,即使泡沫破碎了,也能将液体凝结成胶体均匀覆盖在浮煤上,可持续有效地阻碍煤对氧的吸附,防止煤的氧化,从而有效地防治煤炭自然发火。

(5) 凝胶泡沫具有表面成膜的特性。经矿井注浆管道注入采空区后,凝胶泡沫大面积覆盖采空区浮煤和封堵煤岩体裂隙,并在泡沫表面延缓交联形成类似布匹的膜状覆盖物,该覆盖物能长时间隔绝煤体与氧气的接触,达到持久有效地抑制煤体自燃的目的。

2. 凝胶泡沫的技术特点

(1) 灭火速度快。由于凝胶泡沫独特的灭火特性,其灭火速度很快,通常巷道小范围的火灾仅需几小时即可扑灭,工作面后方大范围的火也只需几天即可扑灭。

(2) 堆积性好,扩散范围广。聚合物溶液通过发泡剂发泡后形成凝胶泡沫,体积量大幅度增加,在采空区中就可向高处堆积,对中、高位浮煤均能覆盖。当凝胶泡沫覆盖在煤体表面后,胶凝成凝胶,此时具有较高的表观黏度,可牢固地覆盖在中、高位煤体表面。

（3）安全性好。当凝胶泡沫覆盖松散煤体后,聚合物间开始相互交联形成凝胶,在封堵煤体漏风通道、隔绝氧气的同时阻碍有害气体溢出;在高温下,凝胶泡沫不会产生大量水蒸气,不存在水煤气爆炸和水蒸气伤人的危险。

（4）胶凝时间可控。利用凝胶泡沫化学反应特性,实现聚合物溶液在指定时间内发生胶凝作用。根据煤矿现场防灭火的实际条件,成胶时间控制在发泡后 10～20 min。

（5）成膜性好,能长期有效地覆盖煤体。当凝胶泡沫覆盖煤体后,能在泡沫表面形成一层致密薄膜,可持续永久地隔绝氧气。高温区内只要有凝胶泡沫渗透到的地点都不会复燃。

防灭火凝胶泡沫具有很好的应用前景,不过就目前来讲,国内外对凝胶泡沫技术的研究还不够深入,其应用还不够广泛。在煤矿防灭火方面,张宇等[33]对水成膜泡沫的铺展性以及灭火性能进行了研究;肖进新等[34]对水成膜泡沫灭火性能的室内评价方法进行了研究;田兆君等[31]在实验室对凝胶泡沫的制备情况进行了初步探讨;于水军等[35,36]对无机发泡胶凝材料的防灭火性能进行了初步研究。在石油开采中,水基泡沫凝胶主要被用作堵剂和调剂,以提高原油的回采率。如在 20 世纪 90 年代中期,美国 Michigan 大学的Fogler 课题组对其渗透、寿命、水流转向及机械强度等方面做了较为细致的研究;国内尚志国等[37]对泡沫凝胶在选择性堵水剂方面的应用进行了初步探讨,陈启斌等[38]在实验室开展过凝胶泡沫性质的试验等。无论在煤矿防灭火还是石油开采中,人们对凝胶泡沫特点及规律的认识还都不十分清楚,使其应用受到了限制。况且上述凝胶泡沫材料均存在发泡倍数低、成胶时间长、稳定性差等问题,而防灭火凝胶泡沫则要求发泡倍数高、成胶时间可控、稳定性强等特性。因此,凝胶泡沫研究难度更大。

凝胶泡沫的基础理论与技术研究涉及安全工程学、矿井火灾学、矿压理论学、表面化学、胶体化学、界面化学、基础化学、物理化学、高分子材料科学、流体力学、流体机械等多学科领域,属于新兴交叉学科的研究。其研究成果可有效地防治煤炭自燃,避免由煤炭自燃引发恶性瓦斯爆炸事故,对保障矿井安全回采、构建和谐矿区具有十分重要的理论价值和现实意义;同时,还可以广泛用于矿井火区启封、地面火灾防治、油田开采、地质勘探等的泡沫钻进

防治煤自燃的凝胶泡沫及特性研究

11

等领域,应用前景十分广阔。

1.3　研究目标与主要研究内容

1.3.1　研究目标

围绕凝胶泡沫这一国际火灾科学前沿的重要研究课题,开发具有综合灭火效果的高效环保凝胶泡沫灭火剂配方(发泡剂和聚合物),并在此基础上理论分析凝胶泡沫发泡过程和胶凝机制;研究凝胶泡沫表面薄膜的微观结构,并在此基础上分析薄膜的各种物理化学特性;同时结合凝胶泡沫的直接和间接阻化效果,研究并阐述其对煤自燃过程的阻化机理;最后将该项技术在煤矿现场进行推广应用,为矿井煤炭自燃的防治提供一种新的技术手段和理论基础。

1.3.2　研究内容

(1)研究凝胶泡沫形成过程及聚合物胶凝机制。主要包括表面活性剂在溶液起泡过程中的作用、泡沫形成化学动力学分析,并借助泡沫的微观形态对聚合物间的物理化学反应机理进行阐述。

(2)研究适合制备凝胶泡沫的发泡剂和聚合物。主要包括选择与配制出具有优良发泡性能和胶凝性能、能固结水的复合添加剂;通过试验,研究各组分在不同配比、不同浓度条件下对凝胶泡沫性能的影响,包括发泡倍数、泡沫黏度、成胶时间、稳定性和保水性等,从而确定它们之间最佳的配比和浓度关系;就凝胶泡沫的成胶时间和稳定性进行分析。

(3)研究凝胶泡沫的流体特性。主要包括聚合物质量浓度、外加盐($NaCl$、$CaCl_2$、$AlCl_3$)、发泡倍数、pH 值和温度等对流变性能的影响;验证有关泡沫屈服应力假设和剪切变稀性质,建立描述凝胶泡沫流变学性质的曲线和数学表达式模型;最后对凝胶泡沫在不同倾角采空区的堆积扩散特性进行数值模拟。

(4)研究凝胶泡沫的成膜特性。主要包括成膜形态、成膜厚度、水蒸气透过性、吸水性、热辐射阻隔性和堵漏风特性等,为凝胶泡沫防灭火提供技术参数。

(5)研究凝胶泡沫的防灭火特性。主要包括凝胶泡沫的抗温性、抗烧性和凝结性等；在此基础上进行凝胶泡沫阻化煤体自燃的试验研究。

（6）研究凝胶泡沫扑灭煤堆火灾的有效性。包括与普通泡沫效果对比，发泡液浓度、发泡倍数等对灭火过程的影响；根据试验结果，进行阻化机理分析。

（7）研究凝胶泡沫在煤矿的实际应用，考察防灭火效果。

1.4　研究技术路线和试验手段

（1）采用 Nikon E200 生物显微镜、ZOOM645S 三目体视显微镜、Quanta250 环境扫描电子显微镜、Dimension Icon 型原子力显微镜、VERTEX 80v 型傅立叶变换红外光谱仪等设备研究分析凝胶泡沫的微观结构和显微特征，从发泡剂和聚合物的物理化学特性入手，理论分析泡沫形成过程、聚合物胶凝机制。

（2）采用 Philips HR2006 型搅拌器、NDJ-5s 型数字式黏度计、全自动表面张力仪等设备，对不同发泡剂种类、聚合物浓度等进行系统的发泡试验，研究发泡剂复配方案及用量、聚合物配比及用量、pH 值等对凝胶泡沫发泡性能和泡沫黏度的影响。

（3）采用 NDJ-5s 型数字式黏度计测定凝胶泡沫流体在不同聚合物质量浓度、发泡倍数、外加盐、温度和 pH 值下流变学参数；测量不同剪切速率下的泡沫黏度，讨论凝胶泡沫是否具有剪切稀化性质。根据试验结果，建立凝胶泡沫流体剪切应力与剪切速率的数学模型，描述出流体的流变学性质，预测出流体在外力作用下的流动模型。最后采用 Fluent 软件对凝胶泡沫在采空区的扩散堆积状态进行数值模拟。

（4）采用原子力显微镜、电热套等设备对凝胶泡沫表面薄膜的微观形貌、水蒸气透过性、吸水性和热辐射阻隔性进行分析，同时利用实验室自制试验装置来考察凝胶泡沫表面薄膜堵漏风的性能。综合试验结果，研究并阐述凝胶泡沫表面薄膜对煤自燃的影响。

（5）利用电热套等试验仪器分析凝胶泡沫的抗温性、抗烧性和凝结性等，以此来研究凝胶泡沫对煤自燃过程的直接和间接阻化抑制机理；同时利用 2001 型煤自燃特性测试装置考察经凝胶泡沫处理前后煤样的升温速率、指标气体的变化趋势，阐述凝胶泡沫材料在煤自燃升温过程中的阻化效果。

防治煤自燃的凝胶泡沫及特性研究

（6）构建凝胶泡沫扑灭煤堆火灾的试验系统，对扑灭煤火进行有效性考察。综合试验结果，研究凝胶泡沫对煤自燃氧化升温过程的阻化机理。

（7）在实验室成功试验的基础上，到煤矿井下进行工业试验，通过现场试验进行总结，最终将凝胶泡沫技术进行推广应用，为矿井提供一种新型高效的防灭火手段。

本书的技术路线和研究内容如图 1-1 所示。

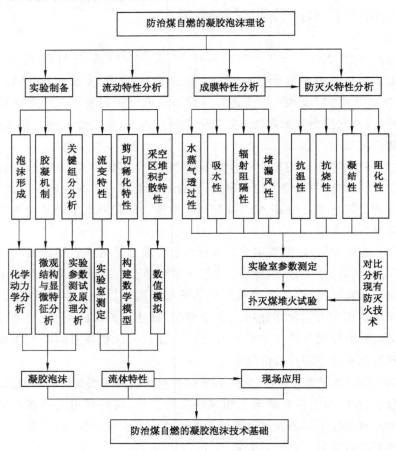

图 1-1 技术路线与研究内容

2 凝胶泡沫形成机理及制备方法

凝胶泡沫是由含表面活性剂、稠化剂和交联剂的复合溶液在氮气作用下发泡形成的,起泡以后泡沫壁中的稠化剂和交联剂通过延迟胶凝作用形成凝胶。本章旨在通过对凝胶泡沫形成过程与胶凝机制分析基础上,发展具有综合优势的新型凝胶泡沫材料。

2.1 凝胶泡沫基本特性

在第一章已经提到,虽然灌浆、喷洒阻化剂、注惰性气体、注凝胶以及注泡沫等防灭火材料对保障矿井安全生产起到了重要作用,但都存在一些缺陷:如灌浆,浆体在采空区只沿着地势低的地方流动,不能对中、高位煤体进行堆积,且易形成"拉沟"现象;喷洒阻化剂,阻化剂不易均匀分散在煤体上,且部分阻化剂材料具有腐蚀作用,对井下设备和工人身心健康有一定危害;注惰性气体,因难以形成封闭空间,气体易随漏风逸散,其灭火降温能力也较弱;注凝胶,流动性差、流量小、扩散范围有限,在深部采空区大面积火区较难使用;注泡沫或三相泡沫,泡沫易破灭,没有实现固化、保水能力不强,一般8~12 h即破灭,一旦泡沫破灭后,防灭火性能就消失。

因此,针对上述防灭火材料存在的不足,需要研制的新防灭火目标材料——凝胶泡沫应具备如下一些基本特性:

① 要有较好的起泡性能,且泡沫稳定性要强;

② 要有良好的延迟成胶特性,成胶过程发生在泡沫形成之后、破灭之前;

③ 具有可泵性,流动阻力要小,满足长距离管线输送的要求;

④ 扩散性能要好,满足大范围覆盖堆积要求;

⑤ 具有优良的湿润和附壁性,长时间覆盖在可燃物表面;

⑥ 环境友好,无毒、无害、无腐蚀;

⑦ 煤矿现场使用方便,操作简单,成本低廉。

2.2 关键组分选择

2.2.1 水

凝胶泡沫的主要成分是水,水在矿井防灭火的历史上有着无可替代的重要作用。但如果直接采用注水、灌浆防灭火工艺,水容易流失,利用率也不高;且井下用水量过多,严重影响工作面正常生产和作业环境安全;同时由于水流的冲刷,在煤层中容易形成更加连贯的漏风通道,反而更有利于空气的侵入,加重煤炭自然发火趋势。

凝胶泡沫就是在水介质中形成的,水变成凝胶泡沫液膜后,体积大幅度增加,在防灭火区域就能到达水流不能到达的地方,提高了水的利用率,不至于出现井下环境的破坏和"拉沟"等现象的发生。但水对发泡剂、稠化剂和交联剂等添加剂的物理化学性质有较大的影响。水分子的结构比较复杂,简单地说,水分子由 H^+ 和 OH^- 组成,其中 H^+ 极少,但其电场强度大。水的结构近似四面体,在没有外电场作用时,水分子的缔合可以达到几十个或几百个水分子,但是这种水偶极子之间的联系是很弱的[39]。同时,水中含有大量的杂质,比如 Ca^{2+}、Mg^{2+} 等,这些杂质对凝胶泡沫的形成有重要的影响。

实验室中,制备凝胶泡沫的液相水取自徐州市自来水,采用水质分析仪对其进行分析,结果如表 2-1 所示。

表 2-1 水质成分含量

分析项目	$\rho/(mg/L)$	分析项目	$\rho/(mg/L)$
总硬度(以碳酸钙计)	483.99	铬(六价)	<0.005
硫酸盐	71.2	铅	<0.005
氯化物	88.5	银	<0.02
溶解性固体	747	铝	<0.008
氟化物	0.41	砷	<0.000 5
硝酸盐(以 N 计)	10.6	硒	<0.005
耗氧量(以 O_2 计)	0.56	汞	<0.000 1
钙	101.38	挥发酚类(以苯酚计)	<0.002

续表 2-1

分析项目	$\rho/(mg/L)$	分析项目	$\rho/(mg/L)$
镁	56.06	阴离子合成洗涤剂	<0.1
铁	<0.03	氰化物	<0.01
锰	<0.02	亚硝酸盐（以 N 计）	<0.001
铜	<0.02	四氯化碳	0.046 88
锌	<0.01	氯仿	<0.001
镉	<0.005		

从表 2-1 中可以分析得出，该自来水无味，pH 值为 7.73，总硬度（以碳酸钙计）为 483.99 mg/L，属于硬度很高的水。同时，水中还含有大量的其他阳离子（Ca^{2+}、Mg^{2+}）等杂质，因此在选择复合添加剂的时候，要充分考虑到水中大量杂质的影响。

2.2.2 发泡剂

前面介绍了凝胶泡沫灭火材料的主要性能要求，因成泡性和扩散性都要求溶液具有较低的表面张力，所以首先要找到能有效降低溶液表面张力、成泡稳定的一种或几种具有起泡能力的发泡剂物质。

1. 发泡剂种类

纯水是很难形成泡沫的，因为泡沫中气体所占的体积百分数一般都达到 90% 以上[40-42]，极少量的液体作为连续相被气泡压缩成液膜，是很不稳定的，极易破灭。要使液膜稳定，必须加入表面活性物质，即所谓的发泡剂。从结构上来说，所有表面活性剂都是由极性的亲水基和非极性的亲油基两部分组成。前者和水分子作用，将表面活性剂分子引入水中；后者与水分子排斥，与非极性或弱极性溶剂分子作用，将表面活性剂分子引入溶剂中。表面活性剂分子的亲油基一般是由烃基构成的；而亲水基由各种极性基团组成，种类繁多。因此，表面活性剂在性质上的差异，除了与烃基的大小和形状有关外，还与亲水基团的类型有关。亲水基团在种类和结构上的改变对表面活性剂性质的影响要比亲油基团大得多。

表面活性剂分类方法有很多，按表面活性剂在水溶液中能否解离及解离后所带电荷分为非离子型、阴离子型、阳离子型和两性离子型表面活性剂；按表面活性剂在水和油中的溶解性可分为水溶性和油溶性表面活性剂；按相对分子质量分类，可将相对分子质量大于 10^4 的称为高分子表面活性剂，相对分子质量在 $10^3\sim10^4$ 的称为中分子表面活性剂，相对分子质量在 $10^2\sim10^3$ 的称为低分子量表面活性剂；按表面活性剂类别可分为羧酸类、硫酸盐类、磺酸盐类和磺化琥珀酸盐类等，如表 2-2 所示。

表 2-2　　　　　　　　　　　常用发泡剂的种类

类别	代表物质
羧酸类	脂肪酸钠（肥皂）
	脂肪醇聚氧乙烯羧酸钠（AEC）
	邻苯二甲酸单脂肪醇酯钠盐
硫酸盐类	脂肪醇类硫酸盐
	烷基醇聚氧乙烯硫酸钠
	壬基酚聚氧乙烯醚硫酸钠
	十二烷基硫酸二乙醇胺盐
磺酸盐类	烷基磺酸盐
	烷基苯磺酸钠
磺化琥珀酸盐类	脂肪酸单乙醇酰胺磺化琥珀酸单酯二钠盐
	脂肪酰胺磺化琥珀酸单脂二钠盐
	聚氧乙烯烷基醚磺化琥珀酸单酯铵盐
	聚氧乙烯脂肪醇单酰胺磺化琥珀单酯二钠盐

本节主要介绍以下几种类型表面活性剂。

（1）阴离子型表面活性剂

阴离子型表面活性剂在水中解离后，生成亲水性阴离子，其在整个表面活性剂生产中占有很大比重。如脂肪醇硫酸钠在水分子的包围下，即解离为 $ROSO_2$—O^- 和 Na^+ 两部分，带负电荷的 $ROSO_2$—O^- 具有表面活性。阴离子表面活性剂分为羧酸盐、硫酸酯盐、磺酸盐和磷酸酯盐四大类，具有较好的去污、发泡、分散、乳化、润湿等特性。

（2）阳离子型表面活性剂

阳离子型表面活性剂是具有阳离子亲水基团的表面活性剂，其亲水基主要为碱性的含氮基团，也有含磷、硫、碘等的基团。由于阳离子型表面活性剂带有正电荷，对于带负电荷的纺织品、金属、玻璃、塑料、矿物等，它的吸附能力比阴离子型表面活性剂和非离子型表面活性剂强。如十二烷基胺、十二烷基三甲基氯化铵、十二烷基三甲集苄基氯化铵等都是阳离子型表面活性剂。该类表面活性剂主要用于杀菌剂、洗涤剂、发泡剂、稳泡剂和防水剂等。

（3）两性离子型表面活性剂

两性离子型表面活性剂是指同一个分子中既含有阴离子亲水基又含有阳离子亲水基的表面活性剂。其最大的特征是既能给出质子又能接受质子，具有作用柔和，毒性小，与其他类型表面活性剂有良好的配伍性，生物降解性好，具有较好的湿润和起泡性能。如双甘氨酸、月桂基二羟乙基甜菜碱、烷基二乙醇基氧化胺等都是两性离子型表面活性剂。该类表面活性剂主要用作发泡剂、乳化剂、杀菌剂、洗涤剂等。

（4）非离子型表面活性剂

非离子型表面活性剂在水溶液中不电离，其亲水基主要由具有一定数量的含氧基团构成。正是由于这一结构，决定了非离子型表面活性剂在某些方面优于离子型表面活性剂，因为其在溶液中不是离子状态，所以稳定性高，不易受强电解质无机盐类的影响，也不易受溶液酸碱性的影响，在固体表面也难以发生强烈吸附，与其他类型的表面活性剂相容性好。如月桂醇、聚氧乙烯烷基醇酰胺、脂肪酸聚氧乙烯酯等都属于非离子型表面活性剂。该类表面活性剂主要用作洗涤剂、起泡剂和增稠剂等。

（5）特种表面活性剂

特种表面活性剂是指含有氟、硅、磷和硼等元素的表面活性剂。它可分为：氟表面活性剂，其疏水基为稳定的全氟烷基，与烃基相比降低表面张力值高，可用作石油火灾灭火剂及金属电镀浴的添加剂等；硅表面活性剂及含钛、锡等金属表面活性剂，为近年出现的新产品，硅系产品降低表面张力值高于氟系产品，平滑性能较好；硼表面活性剂及其他由硼酸和醇类合成的表面活性剂，由于硼原子和氧原子在分子中形成半极性键，又称其为半极性有机硼表面活性剂，在抗静电、阻燃、抗磨、抗菌、抗腐蚀等领域有着优异的性能。

2. 凝胶泡沫发泡剂选配

表面活性剂固然品种很多，但要获取综合性能良好的高倍数泡沫，单独地使用某一种表面活性剂很难满足要求。比如，阴离子表面活性剂虽然发泡能力较好，但稳泡性太差；非离子表面活性剂虽然乳化能力高，并具有一定的耐硬水能力，但也存在一些缺陷，如浊点限制、不耐碱、价格较高等。因此，必须在实验室根据泡沫的各项技术指标进行药剂选配试验。通常是首先进行发泡剂的单项选择试验,把泡沫倍数高的发泡剂筛选出来;然后根据其他方面的技术要求,并考虑当前与长远的国内生产供应情况,进行不同组分的泡沫剂配方试验。

根据表面活性剂的选择原则,我们对众多表面活性剂进行试验筛选,优选出 A1、A2、A3 和 A4 等 4 种适合制备凝胶泡沫的表面活性剂。通过对 4 种表面活性剂单独和相互复配试验,研究其对凝胶泡沫发泡性能的影响,确定出制备凝胶泡沫的最佳发泡剂组合材料。

2.2.3 稠化聚合物

由于泡沫属于热力学不稳定体系,总有自发向表面自由能降低的趋势。因此,热力学最终的稳定状态是泡沫被破坏、气液完全分散的两相状态,所以稳定性只是动力学意义上的。然而泡沫的稳定性又有其特殊性,因为气泡的破裂原因是液膜排液使液膜变薄引起液膜强度的降低而破坏,因此可以说任何影响液膜排液速率和液膜强度的因素均影响泡沫的相对稳定性。由于液膜排液的最终结果是导致液膜强度的降低,故归根结底液膜的强度是泡沫能否长时间稳定的关键。目前增加泡沫液膜强度的措施主要有[43-48]:一种是在发泡溶液中加入某种添加剂,通过协同增效反应增强分子间作用,增大液膜表面强度;另一种是在起泡剂溶液中加入黏稠剂,提高液相黏度,增大液膜强度,延长泡沫半衰期。我们通过大量优选试验,筛选出适合弱凝胶体系的稠化剂和交联剂,即通过在溶液中添加少量稠化剂和交联剂,使其在泡沫液膜内发生胶凝生成凝胶,从而抑制液体移位,形成稳定性好、黏度高、不脱水的凝胶泡沫材料。

稠化剂是一种多功能的生物高分子阴离子聚合物,是由 D-葡萄糖、D-甘露糖、D-葡萄糖醛酸、丙酮酸和乙酸组成的"五糖重复单元"的结构聚合体,分子主链由 D-葡萄糖以 β-1,4-糖苷键连接而成,具有类似纤维素式的骨架结构,每两个葡萄糖中的一个 C3 位上连接一个由两个甘露聚糖和一个葡萄糖醛酸组成的三糖侧链[49,50],结构式如图 2-1 所示。该物质可完全溶解于冷水和热水中,对温度、pH 值(2~12)及电解质溶液等作用不敏感[51]。其特点是假塑流变性,即黏度随剪切速度增加而降低,随剪切速度降低又迅速恢复,在较低浓度下也能获得较高的黏度,有良好的悬浮稳定性,常用作各种果汁饮料、调味料的增稠稳定剂。

图 2-1　稠化剂分子结构图

交联剂是从植物中分离出来的一种多糖聚合物,是一种线状半乳甘露聚糖,属于非离子型高分子。在结构上,以 β-1,4 键相互连接的 D-甘露糖单元为主链,不均匀地在主链的一些 D-甘露糖单元的 C6 位上再连接单个 D-半乳糖(-1,6 键)为支链,其半乳糖与甘露糖之比约为 1∶1.8,简化为1∶2[52,53],其结构式如图 2-2 所示。其特点是水溶性好,吸水性强,黏度高,老化时间短,是最廉价的亲水胶体,与其他胶体共存时有良好的协同增效作用。近年来,交联剂在食品工业中应用甚广,常用于冰淇淋、酸牛奶、汤料、调味酱、果汁及

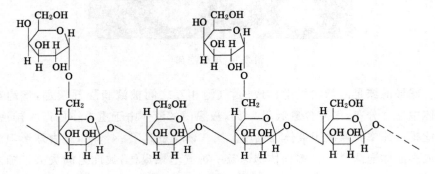

图 2-2　交联剂分子结构图

酒类、肉制品、香肠、花生酱等食品中。如用在冰淇淋中可以避免冰晶生成，提高抗聚热性能。

我们选用的稠化剂和交联剂在溶液中协同性较好，可显著提高溶液黏度，并使溶液形成柔软的凝胶状，可抑制水分子迁移，防止冰晶增大，又有蓬松的质地和良好的保形性。

2.3　凝胶泡沫形成过程及胶凝机制

2.3.1　发泡过程

1. 泡沫形态

从形态学的角度，泡沫分为两种类型：一种称为球形泡沫，由球状气泡以很宽的分离度分散在液体中形成，也称为气体乳液；另一种是多面体泡沫，由形状不规则的气泡组成。将这些分散气体相隔离的是狭窄的薄层状薄膜，曲率很低。两种泡沫结构分别如图 2-3、图 2-4 所示。

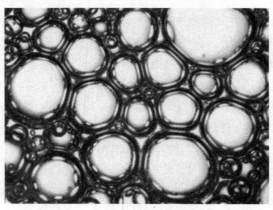

图 2-3　球形泡沫

球形泡沫是由球状气泡构成的，气泡相互之间被液膜隔开较远，气泡在液体中独立分布，气体含量低于 74%，液膜内的液体由于重力作用产生排液，因此排液速率将取决于液体的黏度。当气体含量高于 74% 时，就由球形泡沫变成多面体泡沫[54,55]。多面体泡沫是一种气泡聚集体，彼此之间失去了独立性，构成了一种群体，由节点连接而形成有联系的网络。一般来说，多面体泡

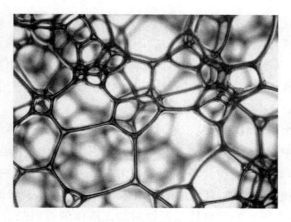

图 2-4 多面体泡沫

沫才是真正的泡沫,3 个气泡无论在哪里都基本形成 120°角[56,57]。涉及的 3 种界面张力一定是相等的,因此它们之间的 3 个角要相等,以确保机械平衡。在理想泡沫中,所有气泡的大小是相同的,这种泡沫是一种五边形的十二面体结构。然而实际上,在所有泡沫中,气泡有各种不同的体积,而且形状与理想泡沫相差很远。

与胶体体系类似,泡沫可以通过分散或者凝结过程形成。在凝结的情况下引入气相,是让分子形式的气体在液体内凝结而形成气泡,如当打开啤酒时,在压力下溶解的二氧化碳被释放,过量的气体形成分散相,并上升至顶部形成泡沫。然而,防治煤炭自燃使用的凝胶泡沫是通过分散过程形成。初始分散的气相以本体存在。分散相引入到液体中,通过搅拌或者其他方式形成泡沫。一般来说,通过机械搅拌形成泡沫的一致性较差,要想形成较理想的均匀、细腻的泡沫,采用的方法是通过一个多孔塞把气体引入液相中。在这个过程中,将产生高度多分散泡沫,体系也比较稳定,但该方法也存在一定缺陷,如将泡沫与下部的溶液进行分离并输送的过程复杂,并且产泡效率也比较低。所以在实际应用中,多采用机械型混合的方式来制备泡沫。本书中试验用凝胶泡沫也属于机械混合型,主要将压缩空气通过特定的方式引入预混泡沫溶液中并加以混合来扩大溶液体积而产生泡沫。

此外,泡沫的产生是有条件的,首先需要气、液两相互相接触。这是因为泡沫是气体在液体中的分散体,只有当气体与液体连续充分地接触时,才有可能产生泡沫。这是泡沫产生的必要条件但非充分条件。充分条件是发泡速度高于破泡速度,它决定了泡沫的寿命。如向纯水中充气,产生的泡沫寿命仅约 0.5 s,浮出水面只能瞬间存在,因此不可能得到稳定的泡沫。要想得到稳定的泡沫,只有在水中加入少量的表面活性剂,再向水中充气。因为表面活性剂的存在不仅使发泡变得容易而且使发泡速度超过破泡速度,从而得到稳定的泡沫。

泡沫的产生是将气体分散于液体中形成气-液的粗分散体系的过程。在泡沫形成过程中,气-液界面会急剧地增加,因此体系的能量增加,这就需要外界对体系做功,如加压或搅拌等。当外界对体系施加的功为一定值时,体系因产生泡沫而使能量增加,其增加值为液体表面张力和体系增加的气-液界面的面积的乘积,即等于外界对体系所做的功。液体的表面张力越低,则气-液界面的面积就越大,泡沫的体积也就越大,说明此液体很容易起泡。表面活性剂具有明显的降低水的表面张力的能力,如十二烷基硫酸钠能把水的表面张力从 72.8 mN/m 降低至 39.5 mN/m,所以十二烷基硫酸钠的水溶液就容易产生泡沫;而纯水的表面张力高,所以不易产生泡沫。表面活性剂的起泡力可以用表面活性剂降低水的表面张力的能力大小来表征,表面活性剂降低水的表面张力越强,则其起泡力就越强,反之越差。

2. 形成过程

从能量观点来看,泡沫是不稳定的,由于气体和液体具有相反的特性,因此它们是要分离的,但这种分离过程快慢是不同的。一般球形泡沫不稳定,液膜排液速率快,因而寿命较短。而多面体泡沫从气泡间通道排液速率较慢,属于亚稳态泡沫。

在溶液中充入气体或施以较剧烈的搅拌,体系内部就会形成被液体所包围的气泡。由于气体密度较小,故会很快上升至液体表面。在不含表面活性剂的溶液中,气体与液面间的界面张力较大,导致气泡不能稳定存在,即使形成气泡,一旦升至液面就会很快破裂。如试验测定在不含表面活性剂的纯溶液中泡沫稳定时间只有 0.5 s,浮出液面只能瞬间存在,因此在液面上不易观察到泡沫。如果在体系中添加少量 F3 型表面活性剂,情况会发生显著改变。表面活性剂在水中首先离解成带电荷的离子,它能均匀地吸附在气-液界面上,疏水端的碳氢链伸入气泡的气相中,而亲水端的极性头伸入水中,形成单分子膜气泡,因而降低了气-液的界面张力,提高了气泡的稳定时间。当气泡上升至气-液界面时,因空气与溶液界面间也存在着表面活性剂分子层,因而就形成了包括气泡表面活性剂单层和溶液表面活性剂单层的稳定双层。在稳定双层的保护下,气泡的稳定性大大提高。随着气体持续充入或剧烈搅拌,溶液内气泡不断向液面涌出,使得发泡动力增强,逐渐堆积在溶液表面形成泡沫聚集体。泡沫产生示意图如图2-5所示。

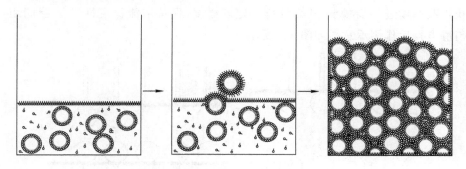

图 2-5 溶液发泡流程示意图

此外,要想取得高倍数凝胶泡沫,还要提供持续不断的气源,没有一定量的气体,就不能产生一定量的泡沫。图2-6为单个泡沫形成机理示意图。液体被持续不断的气源吹动形成泡沫,接着又附着另一泡沫,与前一泡沫连接起来,依次不断地形成泡沫联络体。

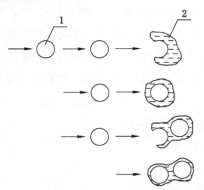

图 2-6 单个泡沫形成机理示意图
1——气泡;2——液体

当混合溶液完全发泡形成均匀细腻的凝胶泡沫群体后,这些气泡被液膜互相隔离。此时疏水基在液膜内被水排斥而只能伸向泡沫气相部分,在液膜的内外两侧形成带同种电荷的表面;亲水基则扩散地分布在液膜中,与表面形成两个扩散双电层。当液膜较厚时,这两个双电层之间的排斥作用不是很显著,但由于疏水效应使两个层面间隔不断变窄,当液膜变薄到一定程度时,两边被吸附离子表面活性剂构成的离子双电层的电相排斥力显著增大,可防止液膜厚度进一步减小,从而维持一定的厚度,保持泡沫稳定性[58]。层间距与静电排斥作用示意图如图 2-7 所示。

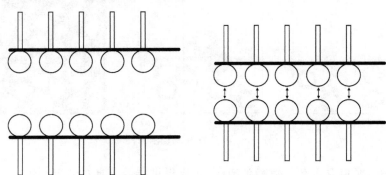

图 2-7 层间距与静电排斥力示意图

3. 形成化学动力学分析

由凝胶泡沫的形成过程可知,在聚合物溶液中充入气体或施以较剧烈的搅拌,体系内就会形成被液体所包围的气泡,初期所形成的气泡特性与普通水基泡沫极其相似。按照经典成核理论,如果想要在体系中形成均匀细腻的泡沫,则必须在体系中加入一定量的自由能,气泡的过剩自由能方程为[59,60]:

$$\Delta G = -V_g \Delta p + A_{gw} \sigma_{gw} \tag{2-1}$$

式中　　ΔG ——气泡过剩自由能,J;

　　　　V_g ——气泡体积,m³;

　　　　Δp ——气泡内外压力差,Pa;

　　　　A_{gw} ——气泡表面积,m²;

　　　　σ_{gw} ——气泡与聚合物溶液界面张力,N/m。

假设泡沫为球形,半径为 r,则式(2-1)化简为:

$$\Delta G = -\frac{4}{3}\pi r^3 \Delta p + 4\pi r^2 \sigma_{gw} \tag{2-2}$$

图 2-8 为自由能随气泡半径的变化关系图。由图可知,当气泡半径为 r'

时,自由能达到最大值,即产生临界气泡(半径为 r')所需克服的 Gibbs 自由能 $\Delta G'$。

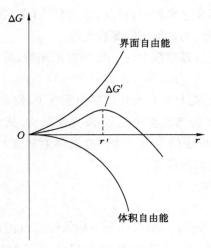

图 2-8　自由能与半径的关系

由静态 Laplace 方程得:

$$r' = 2\sigma_{gw}/\Delta p \tag{2-3}$$

所以

$$\Delta G' = \frac{16\pi\sigma_{gw}^3}{3\Delta p^2} \tag{2-4}$$

气泡形成速率为:

$$N_{num} = C_0 f_0 \exp\left(-\frac{\Delta G'}{KT}\right) \tag{2-5}$$

式中　N_{num} ——单位时间、单位体积内的气泡形成数量,个/($cm^3 \cdot s$);

C_0 ——单位体积中气体分子含量,个/cm^3;

f_0 ——频率因子,s^{-1};

K ——Boltzmann 常数,1.38×10^{-23} J/K;

T ——热力学绝对温度,K。

从式(2-5)可以看出,升高温度、降低 Gibbs 自由能都会使气泡形成速率增加。而由式(2-4)知,$\Delta G'$ 与气-液界面张力、气泡内外压力差有关。因此,任何有利于 σ_{gw} 降低以及 Δp 增大的条件都会降低气泡形成的自由能,促进气泡形成。对于凝胶泡沫利用射流喷射的原理进行发泡,其主要部件之一就是内置的文丘里管,即是一个截面先收缩后扩张的管子,当聚合物溶液流过收缩段时,随着截面积的变小,溶液的流速逐步增大,压力却逐步降低,因此 Δp 数值增大,导致泡沫形成速率较高;相反,由式(2-3)知,Δp 越高,r' 越小,因此越容易得到结构致密、均匀细腻的凝胶泡沫。

由文献[61]知,气液界面张力(σ_{gw})是温度的函数,可表示为:

$$\sigma_{gw} = a - b(T - 293) \tag{2-6}$$

式中,a、b 为相关系数,与材料自身性质等因素有关,均为正值。

由式(2-6)知,温度升高能够降低气-液界面张力,从而促进气泡的形成。温度升高对凝胶泡沫形成的影响还体现在气体溶解度和聚合物溶液黏度降低等,这些都有利于气泡的形成。

频率因子(f_0)可表示为:

$$f_0 = Z\beta' \tag{2-7}$$

式中,Z 为 Zeldovich 因子;β' 为气体分子加入临界气泡的速率,可以表示为临界气泡的界面面积(A)与单位面积上气体分子撞击界面的撞击速率($R_{impingement}$)的乘积,即:

$$\beta' = AR_{impingement} = 4\pi r'^2 R_{impingement} \tag{2-8}$$

将式(2-8)带入式(2-7)得:

$$f_0 = Z4\pi r'^2 R_{impingement} \tag{2-9}$$

由此可见,频率因子随气泡界面面积的变化而变化。

综上所述,对于凝胶泡沫的形成过程,Δp 和 T 是影响溶液发泡的重要因素,Δp 和 T 越高,气泡形成速率越快。此外,Δp 和 T 也是影响气泡半径的主要因素,由式(2-3)和式(2-6)知,σ_{gw} 随温度的升高而降低,因此 Δp 和 T 越高,临界半径越小。

2.3.2 凝胶泡沫胶凝机制

1. 凝胶泡沫应用原理

防灭火凝胶泡沫是一种介于整体凝胶和胶态分散凝胶之间的第三种过渡状态的复合体系(即弱凝胶体系),是由低浓度稠化剂与交联剂形成的以分子间交联为主、分子内交联为辅的高分子体系。虽然凝胶泡沫体系中稠化剂和交联剂的用量小,但具有凝胶属性,且成胶时间可控,流动性好,可长时间流动并保证较好的注入能力。

正是由于凝胶泡体系中稠化剂和交联剂以分子链间交联为主,同时还具有延迟交联的特性,所以凝胶泡沫在多孔介质的采空区具有可流动性。当凝胶泡沫体系注入采空区后,由于其具有延迟交联的特性,所以在管路输送以及采空区中的流动状态与普通泡沫相似。随着凝胶泡沫向前流动,稠化剂和交联剂开始逐渐交联;但由于注浆泵提供的压差较大,交联体系经采空区多孔介质剪切后仍能继续向深部推进;随着压差降低,胶凝作用增强,最终凝胶泡沫滞留在采空区多孔介质中,起到覆盖浮煤、封堵裂隙的作用。

2. 凝胶泡沫胶凝过程

将稠化剂和交联剂加入溶液搅拌池进行搅拌,由于受剪切作用,稠化剂分子被分散为一条条无规则的线团结构;待搅拌均匀后,加入 F3 型表面活性剂。由于试验选用的稠化剂与交联剂胶凝作用的核心是稠化剂无规则分子首先形成聚合体或缔合体,只有稳定的聚合体或缔合体才会与交联剂分子发生胶凝,形成三维网状结构。所以搅拌时即使加入交联剂,也不能与稠化剂发生胶凝反应生产凝胶。因此,搅拌后的混合溶液能够进入发泡器大量发泡形成均匀细腻的凝胶泡沫。利用 Nikon E200 生物显微镜和 ZOOM645S 三目体视显微镜对不同组分的凝胶泡沫微观结构进行观测,试验器材如图 2-9、图 2-10 所示,观测结果如图 2-11、图 2-12 所示。

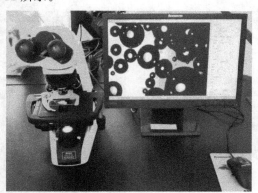

图 2-9　Nikon E200 生物显微镜

由图 2-11(a)～(c)以及图 2-12(a)～(c)可以看出:未加聚合物材料或仅含单一聚合物材料的泡沫微观结构比较混乱,产生的泡沫尺寸离散度也较大,最大与最小泡沫直径相差近 10 倍;产生的泡沫液膜较薄,保水性和稳定性均较差,静置半小时就产生分相的现象。随着稠化剂和交联剂混合物的加

图 2-10   ZOOM645S 三目体视显微镜

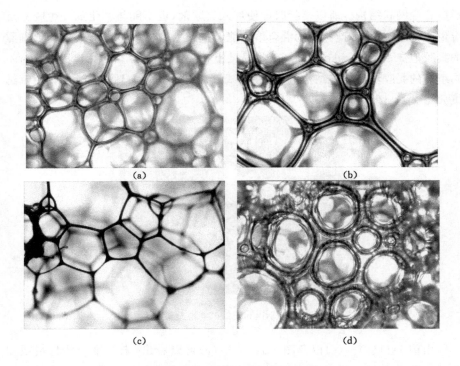

(a)

(b)

(c)

(d)

图 2-11   凝胶泡沫平面微观结构图（160X）

(a) 未含有稠化剂或交联剂；(b) 仅含有稠化剂；

(c) 仅含有交联剂；(d) 含有稠化剂和交联剂混合物

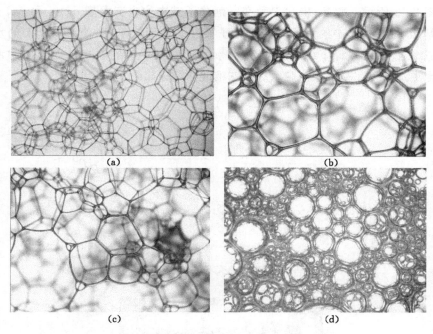

图 2-12 凝胶泡沫体视微观结构图（160X）

(a) 未含有稠化剂或交联剂；(b) 仅含有稠化剂；

(c) 仅含有交联剂；(d) 含有稠化剂和交联剂混合物

入,泡沫的微观结构变得整齐又规则,而且泡沫均匀细腻,液膜的厚度更加厚实,稳定性大大增强,静置一个月无脱水分层现象,如图 2-11(d)和图 2-12(d)所示。这是因为,首先试验采用的稠化剂具有较高的表面活性作用,能增加组分之间互溶性,控制气泡半径及均匀性,使形成的泡沫更加均匀细腻;其次当泡沫静置后,剪切应力消失,稠化剂分子链内线团侧链与主链间会通过氢键将无规则线团聚结在一起形成类似棒状的双螺旋刚性结构,棒状结构再在稠化剂自身析出的 Na^+、K^+ 及 Ca^{2+} 的作用下,将溶液中分散的双螺旋结构通过 "—COO—Na—H_2O—Na—COO—"、"—COO—K—H_2O—K—COO—" 和作用力更强的 "—COO—Ca—COO—" 等链桥连接在一起形成螺旋网状聚合体或双螺旋缔合体。此后,聚合体或缔合体结构中的—CH_2OH 与交联剂主链结构中的—CH_2OH 充分碰撞接触,以"—CH_2—O—CH_2—"形式结合形成立体网状结构,构成了泡沫的刚性骨架,因而凝胶泡沫的稳定性大大提高,

防治煤自燃的凝胶泡沫及特性研究

如图 2-13 所示。此外,稠化剂和交联剂分子链中均含有大量—OH 和—O—等基团,这些基团中的氧原子与水分子充分缔合形成氢键,使游离状态的水变成结合水,有效地束缚固定在聚合物所形成的网状结构中,从而形成的液膜也更加厚实。凝胶泡沫脱水后的三维网状结构如图 2-14 所示。

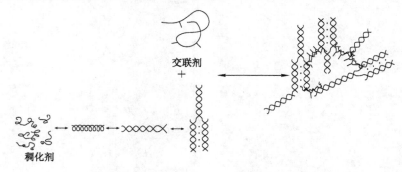

交联剂
+

稠化剂

图 2-13　稠化剂与交联剂聚合交联机理

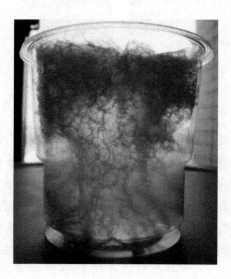

图 2-14　凝胶泡沫三维网状结构

聚合交联方程如下所示,其中 R、R_1、R_2 代表有机化合物基团。

$$2R{-}COO^- + 2Na^+ + H_2O = R{-}COO{-}Na{-}H_2O{-}Na{-}COO{-}R$$

$$2R{-}COO^- + 2K^+ + H_2O = R{-}COO{-}K{-}H_2O{-}K{-}COO{-}R$$

$$2R{-}COO^- + Ca^{2+} = R{-}COO{-}Ca{-}COO{-}R$$

$$R_1—CH_2OH+HOCH_2—R_2=R_1—CH_2—O—CH_2—R_2+H_2O$$

3. 凝胶泡沫稳定性分析

泡沫稳定性是指泡沫存在寿命的长短,是泡沫的主要性能。发泡液的表面张力、表面张力的自修复作用、表面黏度、表面电荷以及溶液本体的黏度等是用来表征泡沫稳定性的常用参数。

(1)表面张力。从能量角度来说,降低液体的表面张力,有利于泡沫的形成,但不能保证所生成泡沫的稳定性。只有当泡沫表面膜有一定强度且能形成多面体泡沫时,降低液体表面张力才有利于泡沫的稳定。根据 Laplace 公式,表面膜内外的压力差 $\Delta p=2\sigma/r$,可知毛细管压力与溶液的表面张力 σ 成正比,σ 低时,毛细管压力小,泡沫排液速度也慢;另外,σ 低意味着纯水与发泡液表面张力的差值大,泡沫自动修复作用强,不易受冲击而破裂。然而事实证明,发泡液的表面张力不是泡沫稳定性的决定性因素,单纯的表面张力还不能充分说明泡沫的稳定性。

(2)表面张力的自修复作用。表面张力不仅对泡沫的形成有影响作用,而且在泡沫表面液膜受到冲击或扰动而局部变薄、面积增大时,有使液膜厚度修复、强度恢复的作用,这种作用称为表面张力的自修复作用,此作用也是使泡沫具有良好稳定性的原因。

表面活性剂的浓度对表面张力的自修复作用有一定的影响。如果溶液浓度太高,形成的泡沫稳定性就差,这是因为当表面活性剂浓度太高时,液膜变形区表面活性剂分子往往是从垂直方向补充,表面活性剂浓度可以恢复,但液膜的厚度却不能恢复,因此液膜的机械强度差,泡沫稳定性就下降。如果溶液浓度太低,泡沫稳定性也差,这是因为当表面活性剂浓度太低时,液膜变形伸长时液膜表面的表面活性剂浓度变化不大,表面张力下降也不大,液膜弹性低,其自修复作用就差,所以泡沫稳定性也差。当发泡剂的浓度达到某一值时,泡沫稳定性就高,该浓度就是使泡沫稳定的最佳浓度。

(3)表面电荷。泡沫液膜受到外力挤压、气流冲击或重力排液时会变薄,而如果泡沫液膜内外表面带同种电荷,其排斥作用可以防止液膜变薄乃至破裂,增加泡沫稳定性。使用离子型表面活性剂作为发泡剂时,由于表面吸附作用,表面活性剂离子将富集于液膜表面,即形成一层带电荷的表面层,带相反电荷的离子分散于溶液中,形成液膜双电层。当液膜变薄至一定程度时,两个表面的电荷相互排斥开始显著起作用,防止液膜进一步变薄,阻止排液的进行,使泡沫稳定。这种电荷相斥作用在液膜较厚时影响不大,溶液中电解质浓度较高时,扩散双电层压缩,电荷相互作用减小,此时液膜厚度变小,也会使其影响减小。

(4)表面黏度。决定泡沫稳定性的关键因素在于液膜的机械强度,而液膜的机械强度主要取决于吸附膜的坚固性,实际上是以发泡液的表面黏度为量度。表面黏度是指液体表面单分子层内的黏度。这种黏度主要是表面活性剂分子在液体表面单分子层内亲水基间相互作用及水化作用而产生的。因此,可用表面黏度表示泡沫的稳定性。表面黏度对泡沫稳定性的影响主要表现在两个方面:一方面,表面黏度大,使液膜表面强度增加;另一方面,减小液膜的排液速率,延缓液膜的破裂时间。表面吸附膜的强度越大,则表面黏度越大,泡沫的寿命越长,泡沫也就越稳定。

(5)溶液黏度。溶液黏度是指液体本身的黏度。溶液黏度对泡沫稳定性也有一定作用,主要表现在:一是增加液膜表面强度,二是减缓液膜排液速率,因而延缓了泡沫破裂的时间,增加了泡沫稳定性。但这仅是辅助因素,若无表面膜形成,即使溶液黏度再高,也不一定形成稳定的泡沫。因此,若凝胶泡沫体系中既有增高液相黏度的物质,又有增高液膜表面黏度的物质,泡沫的稳定性才可大大提高。

(6)聚合物浓度。凝胶泡沫中加入了稠化剂和交联剂,能有效防止泡沫间的合并和阻止液膜的排液,并能使凝胶泡沫的机械强度增加。在试验中考察了聚合物浓度对凝胶泡沫稳定性的影响(参见本章2.4节)。聚合物浓度越大,凝胶泡沫稳定性越强,这是因为稠化剂和交联剂浓度越大,聚合物间交联反应越快,这样更有利于防治气泡的兼并和水层的流动,从而使凝胶泡沫越稳定;然而聚合物浓度太高,会影响溶液的发泡效率,故聚合物浓度存在一个最佳值。

2.3.3 凝胶化研究

1. 试验仪器

本试验中采用的仪器主要有 Dimension Icon 型原子力显微镜,美国 Bruker(Veeco)公司制造;VERTEX 80v 型傅立叶变换红外光谱仪,德国 Bruker 公司制造;FEI Quanta™ 250 环境扫描电子显微镜,FEI 公司产品;KW 型匀胶机,SIYOUYEN 公司产品。各试验仪器如图 2-15~图 2-18 所示。

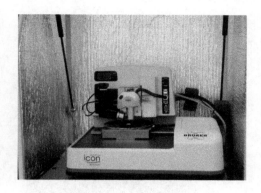

图 2-15　原子力显微镜

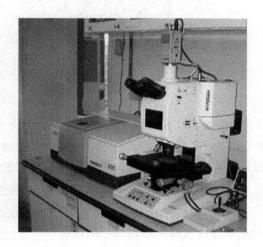

图 2-16　傅立叶变换红外光谱仪

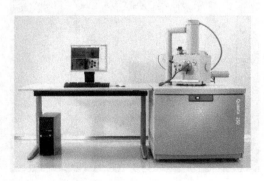

图 2-17　环境扫描电子显微镜

图 2-18 匀胶机

2. 试验表征方法

（1）原子力显微镜观测（AFM）

分别配置质量浓度为 3‰ 的稠化剂溶液以及质量浓度均为 3‰ 的稠化剂和交联剂混合物溶液，使用匀胶机分别涂至新解理的云母片上，使之尽量铺展，微热成膜（如图 2-19 所示），微悬臂长度为 200 μm，力常数为 0.12 N/m，采用接触式成像，所有图像均在恒力模式下获得。扫描范围由大到小依次达到聚合物的结构形态以及最小结构单位粒径的图像。

图 2-19 云母片

（2）傅立叶变换红外光谱分析（FTIR）

分别称取干燥的纯稠化剂精粉、纯交联剂精粉和共混凝胶（由质量浓度均为 3‰ 的稠化剂和交联剂共混制备）破碎粉末与定量的 KBr 混合压片进行红外光谱分析。

（3）扫描电镜分析（SEM）

分别制备稠化剂质量浓度为 3‰ 以及稠化剂和交联剂混合质量浓度均为 3‰ 的凝胶泡沫两个样品。将新制备的凝胶泡沫样品静置半小时，待其充分交联成凝胶后再进行冷冻干燥，然后用 OsO₄ 气体对其进行固定（4 h），再经离子溅射仪喷金，最后于 SEM 下进行观察。

3. 试验结果与分析

（1）AFM 分析

采用原子力显微镜，在 500 nm 的扫描范围内，对单一稠化剂溶液以及稠化剂和交联剂共混溶液的微观结构进行观测，结果如图 2-20 所示。

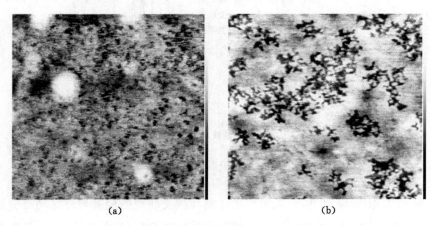

(a)　　　　　　　　　　　　　(b)

图 2-20　不同聚合物样品的 AFM 图
（a）仅含稠化剂；（b）含稠化剂和交联剂

由图 2-20 可以看出，未加交联剂的溶液，稠化剂的微观结构比较混乱，呈颗粒状分散在溶液中，不能形成三维网状结构，如图 2-20（a）所示；而随着交联剂的加入，交联剂填充于稠化剂分子间，将分散的稠化剂分子聚集成较为均匀的连续相，如图 2-20（b）所示。因此，稠化剂在交联剂的作用下，能够在泡沫液膜内发生交联作用形成凝胶，保持泡沫稳定性。

（2）FTIR 分析

当两种高聚合物相容时,如果这两种高聚合物间存在相互作用,则这一作用便会在 FTIR 谱上表现出来,使得共聚物的 FTIR 谱有别于各自高聚合物的 FTIR 谱,这样可以利用差谱等分析手段来确定共混物分子间相互作用的强弱,即体系的相容程度。若两种高聚合物共混后羟基伸缩振动峰增强并向低波数方向发生位移,那么这两种高聚合物分子间的氢键必定增强,即分子间相互作用增大。稠化剂、交联剂及其共混凝胶的 FTIR 谱图如图 2-21 所示。

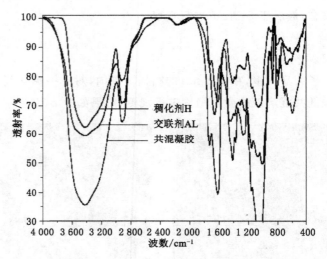

图 2-21　稠化剂、交联剂及其共混凝胶的 FTIR 谱图

从图 2-21 可以看出,干燥的纯稠化剂和纯交联剂的羟基伸缩振动峰分别为 3 429 cm^{-1} 和 3 428 cm^{-1};稠化剂和交联剂共混后(比例为 1:1),羟基伸缩振动峰移到 3 410 cm^{-1}。这说明稠化剂和交联剂共混后,羟基伸缩振动峰得到了一定的增强。其次,共混后羟基伸缩振动峰的强度也明显增强。峰的强度和向低波数方向的位移距离越大,分子间氢键就越强,即分子间相互作用越强。因此,当稠化剂与交联剂共混使用时,分子间相互作用增强,表现为凝胶化能力提高,形成的凝胶强度也变大。

（3）SME 分析

不同体系凝胶泡沫微观结构的变化如图 2-22 所示。由图可以看出,添加交联剂后,凝胶泡沫的微观结构较仅含有稠化剂体系发生显著变化。仅含有稠化剂的泡沫体系存在大量颗粒碎片,表面结构较为粗糙,孔洞多,且分布不均匀,结构松散,如图 2-22(a)所示。加入交联剂后,复配体系表面孔洞缩小,数量减少,与仅含稠化剂的凝胶泡沫相比,更为光滑,如图 2-22(b)所示。这是因为交联剂填充于稠化剂分子结构间,与稠化剂分子组成了较为均匀的连续相,形成了结构致密的网状结构[62]。微观结构的显著变化导致了复配体系制备的凝胶泡沫与单纯稠化剂制备的凝胶泡沫之间凝胶特性以及流变性的不同,稠化剂和交联剂复配体系表现出更好的交联特性。

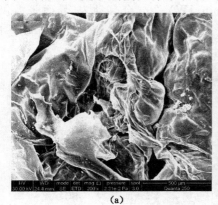 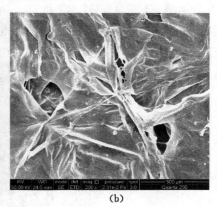

(a)　　　　　　　　　　　　(b)

图 2-22　凝胶泡沫的微观结构

(a) 仅含稠化剂;(b) 含稠化剂与交联剂

2.4　凝胶泡沫试验制备

2.4.1　试验参数研究

1. 主要材料

(1) 发泡剂。根据表面活性剂的选择原则,对众多表面活性剂进行了试验筛选,优选出了 4 种适合制备高性能凝胶泡沫的表面活性剂,代号分别为 A1、A2、A3 和 A4,均为安徽泰恒机械制造有限公司提供的工业品,活性物质质量分数均在 90% 以上。

(2) 聚合物。稠化剂和交联剂,工业品,河南扩源化工产品有限公司生产。

（3）气体。从安全性和被水吸收性综合考虑，选用氮气。但从经济和来源考虑，试验中采用空气代替氮气，其气体成分对凝胶泡沫不产生影响。

（4）水。徐州市自来水，pH值为7.73、总硬度（以碳酸钙计）为483.99 mg/L。

2. 主要装置及原理简介

由于凝胶泡沫是集气-液两相于一体的复杂混合体系，因此需采用必要的机械搅拌设备，通过物理机械搅拌将气体混入溶液中形成气泡。试验采用Philips HR2006型搅拌器，香港飞利浦电器集团股份有限公司制造，转速为6 200 r/min；NDJ-5s型数字式黏度计，上海尼润智能科技有限公司制造，转速共分4挡，分别为6、12、30和60 r/min；JWY-200全自动表、界面张力仪，承德市世鹏检测设备有限公司制造；电子天平，上海越平科学仪器有限公司制造。试验装置如图2-23所示。

(a)　　　　　　　　　　　　(b)

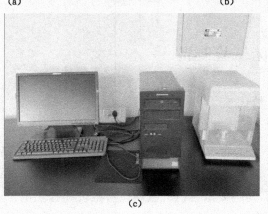

(c)

图 2-23　试验装置

(a) Philips HR2006型搅拌器；(b) NDJ-5s型数字式黏度计；(c) JWY-200全自动表、界面张力仪

3. 试验方法

凝胶泡沫制备方法为：首先称取一定量的稠化剂和交联剂溶于清水中，搅拌均匀后，加入适量发泡剂调匀。取 100 mL 该混合溶液置于搅拌器中，开动搅拌器，搅拌时间为 5 min，搅拌停止后，溶液体积迅速膨胀，生成均匀细腻的凝胶泡沫。通过静态试验，确定制备凝胶泡沫的最佳组分配比。

4. 试验结果与分析

（1）发泡剂复配

筛选出初始 4 种表面活性剂之后，需要进一步确定配方以及成分的比例关系。试验中固定总发泡剂质量浓度为 4‰、稠化剂和交联剂质量浓度均为 3‰不变，改变 4 种表面活性剂两两混合时的复配比例，所得凝胶泡沫的体积变化如表 2-3 所示。

表 2-3　　　　　　　　　　表面活性剂配比试验结果

发泡剂组合	发泡体积/mL			
	0∶1	1∶2	1∶1	2∶1
A1＋A1	380	—	—	
A1＋A2	320	338	370	375
A1＋A3	340	368	409	395
A1＋A4	315	340	380	380
A2＋A3	—	358	365	343
A2＋A4	—	343	360	320
A3＋A4	—	333	370	340

由表 2-3 可知，优选的 4 种表面活性剂均适合制备凝胶泡沫，且单一使用时均有较强的起泡能力，其中 A1 的发泡性能最强，A4 最弱。这主要是因为 4 种表面活性剂均具有显著降低溶液表面张力、改善泡沫液膜黏度、提高泡沫液膜机械强度的功效[63-65]；而 A1 具有更强的电性作用和表面活性，降低液膜表面张力的能力强于 A2、A3 和 A4，故 A1 的起泡性能优于其他 3 种表面活性剂的起泡性能。另外，由于试验所采用的自来水具有一定的硬度，而 A2、A3 和 A4 对钙、镁离子比较敏感，耐硬水性较差，所以造成发泡体积较小。

从表 2-3 还可以看出：当 4 种表面活性剂两两复配后，复配发泡剂的发泡性能随着复配比例的变化而变化，即复配比例合适时，两种表面活性剂具有相互协同增效发泡的功能,但当复配比例大于某一临界值时,复配发泡剂的表面活性反而会受到一定的限制。当 A1 与 A3 复配,其质量比为 1:1 时,复配发泡剂具有最佳的发泡性能,发泡体积高达 409 mL,其原因是 A1 与 A3 复配后,复配发泡剂分子在泡沫液膜中的排列比任何一种单一表面活性剂分子在泡沫液膜中的排列都要更加紧密,这不仅增强了表面活性剂分子间的相互吸引力,同时还可以有效地削弱带电极性基团间的相互排斥力[66],从而使混合溶液表面张力下降更显著,更容易形成均匀的凝胶泡沫群体。因此,确定采用质量比为 1:1 的 A1 和 A3 复配发泡剂。

(2)发泡剂浓度

任何一种发泡剂都有其最佳浓度值,复配发泡剂无疑应以最佳浓度为发泡条件。但在应用中往往会出现浓度偏差,或高于最佳浓度,或低于最佳浓度。这种偏差不能超出浓度的上下限范围。如果在下限以下,产生的泡沫直径大,稳定性差,成泡率低;如果超过上限,虽然稳定性好,但泡沫黏度大,不利于长距离输送,发泡剂消耗量也大,不经济。所以要把发泡剂质量浓度控制在适当范围内。

试验采用质量比为 1:1 的 A1 和 A3 复配发泡剂(命名为 F3 型发泡剂),固定稠化剂和交联剂质量浓度均为 3‰不变,改变发泡剂的质量浓度,研究不同浓度对发泡体积和表面张力的影响,如图 2-24 所示。

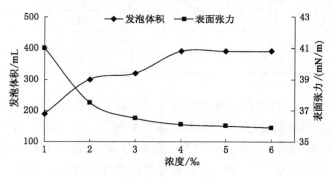

图 2-24 发泡体积和表面张力随发泡剂浓度变化的关系

从图 2-24 可以看出,当发泡剂质量浓度低于 3‰时,发泡体积随着发泡剂质量浓度的增加迅速增大,混合液表面张力迅速降低。这是因为溶液中由于发泡剂的加入,发泡剂分子很快在溶液表面集结,使空气与液体的接触面积减少,表面张力下降明显,发泡体积迅速增加。当发泡剂质量浓度为3‰~4‰时,溶液表面已经聚集了大量的发泡剂分子,溶液与空气基本处于隔绝状态,发泡剂已经在溶液表面形成所谓单分子膜[67,68],液膜表面张力已经降至最小值,发泡体积达到最大值。当发泡剂质量浓度超过4‰后,发泡体积和表面张力基本不再变化,这是由于此时溶液表面已经排满发泡剂分子,溶液中又由于水分子的排斥力,发泡剂无法分散,已经在溶液中形成胶束,所以再增加发泡剂浓度,表面张力降低不明显,发泡体积基本保持不变[69,70]。因此,凝胶泡沫的最佳发泡剂质量浓度为4‰。

(3)稠化剂与交联剂质量比

根据凝胶泡沫形成过程,实验室经过大量筛选,优选出两种高分子材料作为制备凝胶泡沫的稠化剂和交联剂。图2-25(a)为单独稠化剂溶液以及稠化剂和交联剂按质量比1∶1混合溶液的黏度关系图。试验中还固定稠化剂

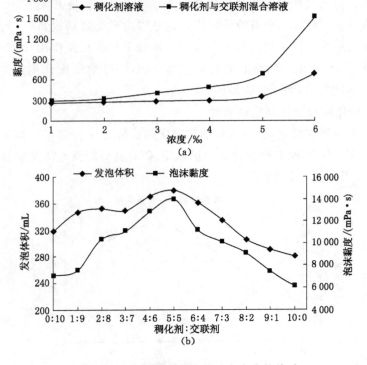

图 2-25 泡沫性能随聚合物浓度变化的关系

(a)聚合物材料浓度与黏度关系;(b)聚合物材料间不同配比与发泡体积和泡沫黏度关系

和交联剂总质量浓度为 6‰,混合比例分别为 0∶10、1∶9、2∶8、3∶7、4∶6、5∶5、6∶4、7∶3、8∶2、9∶1 和 10∶0,测得不同配比对发泡体积和泡沫黏度的影响,结果如图 2-25(b)所示。

由图 2-25(a)知,质量浓度为 6‰ 的单一稠化剂溶液黏度为 691 mPa·s,但当稠化剂和交联剂复配混合使用时,体系的黏度远高于稠化剂溶液黏度。这是由于试验优选出的两种高分子材料之间具有很强的交联作用,当两者混合后,稠化剂中的双螺旋结构能以次级键形式与交联剂中的半乳甘露聚糖结构结合,形成三维网状结构,表现出更高的黏度[71]。

由图 2-25(b)知,随着稠化剂和交联剂复配比例的变化,发泡体积和泡沫黏度均发生变化。这是因为当稠化剂和交联剂在溶液中混合时,稠化剂在溶液中高度扩散和伸展,能充分与交联剂分子相互作用形成三维网状结构,使凝胶泡沫的黏度增大,并且随着交联剂的质量比例增加,溶液的起泡性能也逐渐增加。但当交联剂的质量比例超过 50% 后,泡沫黏度开始下降,发泡性能也逐渐变差,静置后,会有液体析出。这是因为当交联剂过量时,其致密的半乳糖支链反而阻碍了交联剂分子与稠化剂分子间的相互作用,从而使体系黏度下降[72],形不成均匀细腻的凝胶泡沫。因此,选取复配比例为 5∶5,体系的黏度达最大值,泡沫性能最佳。

(4)稠化剂和交联剂质量浓度

根据上述研究结果,保持稠化剂和交联剂质量比为 1∶1,F3 型发泡剂质量浓度为 4‰ 不变,改变聚合物的质量浓度,研究其对凝胶泡沫发泡性能的影响,试验结果如图 2-26 所示。

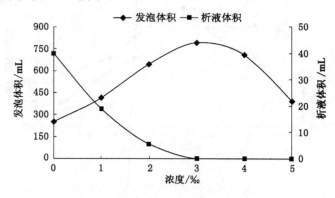

图 2-26 聚合物浓度对泡沫性能的影响

试验结果表明:当溶液中加入稠化剂和交联剂后,发泡体积较未添加时有了显著提高。这是因为试验采用的徐州市自来水硬度较大,其中含有出大量的 Ca^{2+}、Mg^{2+} 等金属离子,这些金属离子会和发泡剂中的部分表面活性剂发生反应,从而减少了发泡剂用于发泡的量。试验还测试了不同浓度的 $CaCl_2$ 对 F3 型发泡剂发泡体积的影响,结果如表 2-4 所示。

表 2-4　　　　　不同浓度 $CaCl_2$ 对 F3 型发泡剂发泡体积的影响　　　　　mL

F3 型发泡剂浓度/‰ ＼ CaCl₂浓度/‰	0	2	4	6
2	300	126.4	82.0	74.4
4	390	243.6	103.2	84.9
6	390	253.0	123.2	107.8

　　由表 2-4 可以看出,当加入 $CaCl_2$ 后,发泡体积迅速下降。因此,Ca^{2+} 能够对发泡剂的活性产生显著影响。而当加入聚合物后,稠化剂中含有大量与 Ca^{2+}、Mg^{2+} 等反应的活性基团,从而能有效地屏蔽溶液中的金属离子,有利于泡沫体系的形成。与此同时,稠化剂和交联剂还增加了溶液的黏度,使液体更容易致密地附着在泡沫壁上,降低其流动性,保持泡沫液膜的结构稳定性。

　　当稠化剂和交联剂质量浓度均小于等于1‰时,发泡体积增加量不大,且试验中还发现制得的凝胶泡沫大小不均匀,静置后产生分相现象。这是因为当聚合物浓度较低时,溶液的黏度较低,聚合物之间交联结点少,形不成稳定的三维网状结构,故静置一段时间后会在泡沫底层析出部分液体,如图 2-27(a)所示。

　　当稠化剂和交联剂质量浓度均大于1‰时,发泡体积随着质量浓度增加而迅速增加,且析液量迅速减少。当稠化剂和交联剂质量浓度均达3‰时,发泡体积达到最大值,且泡沫胶体静置一个月后无脱水现象。这是因为当稠化剂和交联剂混合后,交联剂结构中没有支链的部分与稠化剂分子的双螺旋结构以次级键形式结合形成立体三维网状结构,构成泡沫的刚性骨架。此外,稠化剂和交联剂分子链中均含有大量—OH,—OH 可与水分子形成氢键,水被有效地束缚在聚合物所形成的三维网状结构中,使其流动性减少,故能抑制液体迁移,保持泡沫稳定性,如图 2-27(b)~(d)所示。

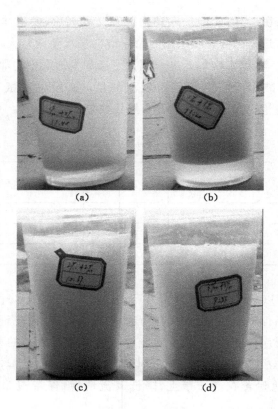

图 2-27　不同聚合物质量浓度下的凝胶泡沫照片
(a) 0；(b) 1‰；(c) 2‰；(d) 3‰

当稠化剂和交联剂质量浓度均大于 3‰后，延长搅拌时间，泡沫几乎没有再生能力。这是因为当聚合物浓度均大于 3‰后，溶液的黏度迅速增大，气体对液体的穿透能力变差，泡沫质量反而呈下降趋势[37]。因此，制备凝胶泡沫的最佳浓度为稠化剂和交联剂均为 3‰。

（5）溶液 pH 值

凝胶泡沫体系的 pH 值对凝胶泡沫的性能具有极大的影响，固定 F3 型发泡剂浓度为 4‰，稠化剂和交联剂浓度均为 3‰，利用盐酸和氢氧化钠将溶液体系的 pH 值分别调至不同值进行试验，结果如图 2-28 所示。由图可知，当溶液 pH 值小于 8 时，体系随着 pH 值的增大，发泡性能逐渐增加，且析液量逐渐减小（静置一个月）；当 pH 值大于 10 时，溶液的发泡体积相对保持稳

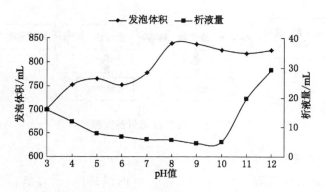

图 2-28　pH 值对发泡能力的影响

定,但形成的凝胶泡沫稳定性较差,析液量剧增。

　　这是因为当溶液呈酸性状态时,溶液中的 H^+ 会与稠化剂分子结构中的 —COO^- 结合,形成—$COOH$,减少了稠化剂和交联剂之间的相互作用,此时稠化剂内部原先的—COO^- 转变成—$COOH$,减弱了分子内的排斥力,使得分子链伸展不充分,致使聚合物间的交联作用减弱,因此发泡能力较弱,胶凝效果差,析液量较多。随着 pH 值的升高,—COO^- 基团增多,分子内相互排斥力增大,分子间的交联作用恢复。当 pH 值大于 10 时,—COO^- 基团的数目已经达到最大值,泡沫体积变化已不明显;且 pH 值大于 10 时,交联剂的水化速率将会变得很慢,影响泡沫的胶凝效果,泡沫不稳定,析液量剧增。考虑到复合添加剂在弱碱性条件下具有较好的发泡体积和胶凝效果,由此选取最佳 pH 值为 7～9。

2.4.2　实验室制备

1. 工艺流程

　　为了考察凝胶泡沫的发泡效果,在实验室采用压缩空气代替氮气,利用发泡装置进行了模拟试验。首先,在制浆站将一定比例的水、稠化剂和交联剂搅拌混合形成聚合物溶液,通过压力泵输送到注浆管路中,再通过定量螺旋泵将 F3 型发泡剂加注到注浆管路中,聚合物溶液与发泡剂在流动的混合器中充分混合后进入发泡器,在发泡器中接入空压机产生的压缩空气,气体与含有 F3 型发泡剂的混合溶液充分作用后产生凝胶泡沫。凝胶泡沫制备流程如图 2-29 所示。

防治煤自燃的凝胶泡沫及特性研究

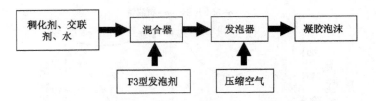

图 2-29 凝胶泡沫制备流程

2. 试验装置

试验装置主要包括 3 m×2 m×1.5 m 的搅拌池、压力泵、定量添加泵、BLT-75A 型空气压缩机、KSP 发泡器、气体流量计、电磁流量计、发泡剂添加箱、调节阀门和试验管路等。试验设备如图 2-30～图 2-35 所示。

图 2-30 搅拌池

图 2-31 压力泵

图 2-32 空气压缩机

图 2-33 定量添加泵

图 2-34 KSP 发泡器

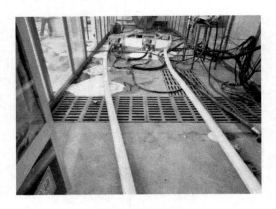

图 2-35　试验管路

　　首先,将 9 kg 稠化剂、9 kg 交联剂和 3 m^3 水在搅拌池中直接混合,待搅拌均匀后,用压力泵将混合溶液通过管路抽出,抽出流量为 6 m^3/h。F3 型发泡剂通过定量添加泵注入浆液管路中,发泡剂浓度控制在 4‰。压缩空气由空气压缩机制备产生,通过管路与发泡器相连,压缩空气额定流量为 550 m^3/h,出口压力为 0.8 MPa。

　　3. 制备效果

　　根据上述试验参数以及发泡装置,在 F3 型发泡剂质量浓度为 4‰、稠化剂和交联剂质量浓度均为 3‰时,可制备出性能优良的凝胶泡沫(发泡倍数为 15 倍),且制得的凝胶泡沫具有良好的流动性,如图 2-36 所示。试验中还发现,当制得的凝胶泡沫静置 1 d 后,在泡沫表面可胶凝形成一层致密的薄膜,如图 2-37 所示。

2.4.3　成胶时间

　　凝胶泡沫的生成过程是在体系起泡后,泡沫壁中含有的稠化剂和交联剂发生胶凝反应,使泡沫壁形成凝胶。如果聚合物交联时间过早,则溶液黏性太高,很难发泡形成泡沫;即使形成凝胶泡沫,但黏性大,在采空区的流动性差,覆盖范围有限,也满足不了防灭火的需要。如果聚合物间交联时间过迟,由于泡沫属于热不稳定体系,超过其稳定时间就会破泡、脱水,此时即使交联也形不成凝胶状泡沫体。因此,最佳的胶凝时间是在聚合物溶液起泡之后、破泡之前。考虑到煤矿现场应用管路输送,一般控制在 10~20 min 为宜。聚合物混合以后,黏度开始上升,经过胶凝时间(又称诱导期)以后,黏度基本不

(a)

(b)

图 2-36 试验制备的凝胶泡沫

(a) 发泡现场;(b) 凝胶泡沫流动性

图 2-37 凝胶泡沫静置 1 d 后表面成膜

变,形成稳定的凝胶。

选用稠化剂和交联剂分别研究不同共混聚合物浓度下的成胶时间。固定 F3 型发泡剂质量浓度为 4‰,稠化剂和交联剂共混比例为 1∶1 不变,分别配置共混聚合物质量浓度为 6‰、8‰ 和 10‰ 的凝胶泡沫。考察不同共混聚合物浓度对成胶时间的影响（NDJ-5s 型数字式黏度计采用 3 号转子，6 r/min 进行测试），结果如图 2-38 所示。

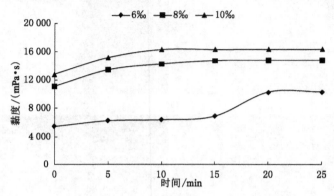

图 2-38　不同浓度的凝胶泡沫成胶时间

由图 2-38 可以看出，当共混聚合物浓度为 6‰ 时，成胶时间为 20 min（黏度不再变化）；而当共混聚合物浓度提高到 10‰ 时，成胶时间缩短到 10 min（黏度不再变化）。这是因为聚合物浓度升高导致了聚合物分子间距离缩短，分子间碰撞概率增加，稠化剂与交联剂分子交联反应更剧烈，更容易形成网状结构[73]。因此，凝胶泡沫体系成胶速率随着聚合物浓度的上升而加快，并且体系的最高成胶黏度也随着浓度升高而增加。但聚合物浓度太高，其反应速率加快，体系成胶速率加快，成胶时间不易控制；另一方面，聚合物浓度升高，导致溶液黏度变大，起泡能力下降。因此，考虑到聚合物溶液的起泡性以及煤矿现场防灭火的实际情况，当共混聚合物质量浓度为 6‰ 时，效果最佳。

2.4.4　稳定性试验

凝胶泡沫主要用于煤炭自燃的预防及灭火，其突出优点之一就是可以对中、高位空间起到覆盖作用。当凝胶泡沫被输送到中、高位煤体表面时，要使泡沫能够渗透到煤体中并堆积起来，这就要求凝胶泡沫能够长时间保持其结构能力，换句话说，需要凝胶泡沫具有良好的稳定性，能较长时间存留在煤体表面。

1. 试验方法

（1）测试方法

泡沫稳定性通常以半衰期来表示,但凝胶泡沫析液量一般不能达到其所持液体体积的一半,因此不能用半衰期来表示凝胶泡沫的稳定性。本书采用在相同外界条件下,以析出液体量的多少来衡量凝胶泡沫体系的稳定性,即取相同体积的泡沫静置,存放 24 h 后称取析出液体质量。

　　(2)测试步骤

　　为了研究凝胶泡沫的稳定性,固定 F3 型发泡剂质量浓度为 4‰不变,分别配置出不含聚合物的普通水基泡沫、3‰稠化剂泡沫、3‰交联剂泡沫、6‰稠化剂泡沫、6‰交联剂泡沫以及均为 3‰稠化剂和交联剂混合液泡沫。取试验制成的不同泡沫各 220 mL,静置 24 h 后,称量各泡沫体系析出液体质量,即可确定泡沫稳定性。析出液体质量越小,泡沫稳定性越强。24 h 后各泡沫体系情况如图 2-39 所示。

图 2-39　24 h 后不同泡沫体系的剩余泡沫体积

　2.　试验结果与分析

　(1)凝胶泡沫稳定性研究

　　室温下,将不同泡沫体系静置 24 h 后,称量析出液体的质量,试验数据如表 2-5 所示。

表 2-5　　　　　　　　　　　不同样品析出液体质量

名称	普通泡沫	3‰稠化剂	3‰交联剂	6‰稠化剂	6‰交联剂	3‰稠化剂+3‰交联剂
析出液体质量/g	30.404	32.183	45.464	37.521	44.915	0

　　如表 2-5 所示,普通水基泡沫和所有仅含有单一稠化剂或交联剂的泡沫体系,经过 24 h 后泡沫全部破灭;而均为 3‰稠化剂和交联剂混合液制备的

凝胶泡沫体系,经过 24 h 后无液体析出,且试验发现,该凝胶泡沫静置一个月后仍无液体析出,稳定性最强。这是因为稠化剂和交联剂在泡沫液膜内相互交联形成三维网状结构所致,液体被牢固地吸附在三维结构中,大大阻碍了液膜的排液速率;同时,在发泡剂的作用下,增加了 Marangoni 效应,即增加了凝胶泡沫的抗冲击能力,使其变得更加稳定。

（2）温度对泡沫稳定性的影响

分别制备 F3 型发泡剂质量浓度为 4‰、稠化剂和交联剂质量浓度均为 3‰ 的凝胶泡沫,以及仅含有 F3 型发泡剂质量浓度为 4‰ 的普通水基泡沫。分别量取 750 mL 泡沫置于恒温干燥箱内,调节好温度,考察温度对凝胶泡沫和普通水基泡沫体积的影响,每升高 5 ℃ 记录一次泡沫体积,具体变化情况如图 2-40 所示。

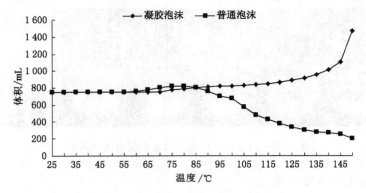

图 2-40　不同温度下泡沫体积的变化情况

由图 2-40 可以看出,普通水基泡沫随着温度的升高,体积先增加后维持不变再减小,至 150 ℃ 时,泡沫已经基本破灭。而凝胶泡沫在 150 ℃ 时,体积仍在持续上升,泡沫体积达 1 470 mL。由此可见,凝胶泡沫的耐温性较普通水基泡沫显著提高。普通水基泡沫体积随温度的升高而出现一系列的变化,这是因为随着温度的升高,分子热运动加剧,分子间作用力减弱,液膜蒸发很快,体积出现增长趋势;接着体积开始维持不变,但是在此期间,可以明显看到水分被逐渐蒸发出来,泡沫液膜变得单薄;当水分蒸发到一定程度后,泡沫体积急剧减少,不久泡沫全部破灭。而凝胶泡沫由于稠化剂和交联剂在泡沫液膜内交联形成网状结构,水分被牢固地吸附在胶体结构内,从而使泡沫体积持续增加。因此,凝胶泡沫体系的承受温度能力明显高于普通泡沫,稳定性大大提高。

2.5 本章小结

（1）对凝胶泡沫形成的化学动力学过程进行了理论分析。结果表明,当气泡内外压力差增大或温度升高时,导致气体溶解度降低,又在系统过剩自由能的驱动下,气体分子不断聚集,当超过 Gibbs 自由能时,产生相分离,进而形成气泡。

（2）采用 Nikon E200 生物显微镜和 ZOOM645S 三目体视显微镜对不同组分的泡沫微观结构进行了观察,得出稠化剂和交联剂共混制得的凝胶泡沫最均匀细腻,且液膜最厚实,泡沫的稳定效果最好。

（3）对凝胶泡沫的交联机理进行了分析,得出其交联机理是稠化剂溶于水后,分子链间形成螺旋网状聚合体或双螺旋缔合体,聚合体或缔合体结构中的活性基团与交联剂主链结构中的活性基团充分碰撞接触,从而形成立体三维网状结构。

（4）对聚合物间的凝胶化过程进行了分析,印证了稠化剂与交联剂共混后能够相互交联形成立体三维网状结构,使体系结构增强,且共混制得的凝胶泡沫表面孔洞小,骨架结构更光滑。

（5）通过对凝胶泡沫组成成分的物理化学分析,优选出 4 种适合制备凝胶泡沫的发泡剂,并进行单一和两两复配试验,研制出一种制备发泡倍数高、稳定性强的复配发泡剂。

（6）研究了发泡剂浓度、聚合物复配比例及浓度等对制备凝胶泡沫性能的影响。结果表明,当复配发泡剂质量浓度为 4‰,稠化剂和交联剂质量浓度均为 3‰,pH 值为 7～9 时,所形成的凝胶泡沫性能最佳。并在实验室构建的发泡系统上,制备出了高性能凝胶泡沫防灭火材料。

（7）对凝胶泡沫的成胶时间以及稳定性进行了试验研究。结果表明,凝胶泡沫成胶时间随聚合物质量浓度的提高而缩短,当稠化剂与交联剂质量浓度均为 3‰时,胶凝时间为 20 min,当质量浓度均提高到 5‰时,成胶时间缩短到 10 min。凝胶泡沫静置 24 h 后仍能稳定存在,无液体析出;随温度的升高,凝胶泡沫稳定性下降,但较普通泡沫下降趋势显著减慢。

3 凝胶泡沫在采空区流动特性研究

凝胶泡沫是一种特殊的两相流体,既不同于普通聚合物流体,也不同于传统的聚合物流体。它的流变学性质对管道输送设计、采空区扩散流动研究以及直接和间接灭火性能的发挥都非常重要。泡沫流变学研究的难题在于泡沫的不稳定性,因此泡沫的流变学性质还未有定论。本章的主要研究内容是确定灭火凝胶泡沫的剪切应力与剪切速率的数学模型和凝胶泡沫的流变学性质。之后,对凝胶泡沫的附壁性和渗透性进行了试验,并借助 Fluent 软件对凝胶泡沫在采空区内的堆积扩散性进行数值模拟,得出堆积高度、扩散宽度等参数,为凝胶泡沫在煤矿现场应用提供依据。

3.1 流变模型

当煤矿开始使用灌浆防灭火时,才开始意识到浆液流变学性质的重要性,特别是黏度对灌注效果有重大影响,不同水土比的浆液流动特性有很大差别。

凝胶泡沫的流变学特性对直接和间接灭火能力的发挥非常重要。煤矿火灾扑救的一大特点是煤炭自燃往往发生在采空区或煤柱内部,外部特征不明显且难以觉察,这就需要凝胶泡沫具有优良的渗透性和流动性。当进入预定区域后,凝胶泡沫应能牢固地黏附在煤体表面形成稳定的膜状覆盖层,不易流失和破坏,即对采空区中高位浮煤、高冒区以及巷道壁等表面应能以一定厚度较长时间附着和起效。为达到这一要求,用于煤矿防灭火的凝胶泡沫应有较大剪切应力,如果得到在各种剪切速率下凝胶泡沫流变特性参数,即可预测出凝胶泡沫在各种环境下的黏附性和流动性。

在一定温度条件下,流体剪切速率与剪切应力之间的关系称为流变曲线。牛顿流体的流变曲线为直线;非牛顿流体的流变曲线不是直线,依流变曲线的形状可确定流型。许多体系流变性质不随剪切时间的变化,流变曲线是稳定的,如图 3-1 所示。

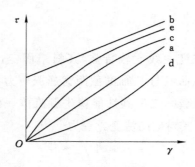

图 3-1　不同体系流变曲线图

图 3-1 中,线 a 为牛顿流体的流变曲线,它是通过原点的直线。线 b、线 c、线 d 和线 e 是非牛顿流体的流变曲线。根据流体的流变方程式,可将非牛顿体系又分成:

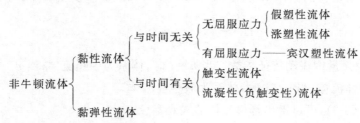

1. 与时间无关的黏性流体

(1) 假塑性流体

假塑性流体的表观黏度随剪切速率的增大而减小,其关系曲线表现为下降趋势。大多数黏性流体均属于此类,如羧甲基纤维素、橡胶等。其对应的流变曲线方程为[74,75]:

$$\tau = k\gamma^n \tag{3-1}$$

式中　τ——剪切应力;

　　　γ——剪切速率;

　　　k——黏度系数;

　　　n——无量纲流动特征指数,$n < 1$。

(2) 涨塑性流体

这种流体与假塑性流体相反,其表观黏度随剪切速率的增大而升高,其关系曲线表现为上升趋势。涨塑性流体种类比较少,如淀粉和某些无机固体粉末等。

(3)宾汉塑性流体

宾汉塑性流体的流变曲线比较特殊,其斜率固定,但又不通过原点,如图 3-1 中曲线 b 所示,该曲线与 Y 轴的截距为屈服应力。当剪切应力超过屈服应力后,流体才开始流动,之后其性能像牛顿流体一样。属于此类的流体有牙膏、肥皂、纸浆等。其对应的流变方程为[76-78]:

$$\tau = \tau_0 + \mu_\infty \gamma \tag{3-2}$$

式中 τ_0 ——屈服应力;

μ_∞ ——极限黏度。

(4)幂律流体

如图 3-1 中的 a、c、e、d 这样的流体。为了便于模拟和计算,大部分剪切稀化或剪切增稠的流体都可用 Ostwald-de Waele 幂律模型表示。该模型方程表示为[79,80]:

$$\tau = k\gamma^n \tag{3-3}$$

式中,n 为无量纲流动特征指数。当 $n=1$ 时,体系为牛顿流体;当 $n>1$ 时,体系为涨塑性流体;当 $n<1$ 时,体系为假塑性流体。

由式(3-3),可以得出幂律流体的表观黏度:

$$\eta = k\gamma^{n-1} \tag{3-4}$$

式中,η 为表观黏度。

2. 与时间有关的黏性流体

(1)触变性流体

触变性流体的表观黏度随着剪切时间的增加而减小,如某些高聚物溶液。从流变学角度分析,在一定剪切速率下,随着剪切时间增加黏度降低,即由稠变稀,到达某一时刻以后,不再变化,形成动平衡。

(2)流凝性流体

这种流体的表观黏度随剪切时间的增加而增大,如某些溶胶和石膏悬浮液等。从流体学角度分析,在一定剪切速率下,随剪切时间增加黏度增大,即由稀变稠,到达某一时刻后,不再发生变化,形成动态平衡。

3. 黏弹性流体

顾名思义,该类流体既有黏性又有弹性,可同时表现出弹性和黏性特征,如面粉团和沥青等。在不超过其屈服强度的情况下,除去剪切力,储存于物体内部的能量立即放出,物体可立刻恢复到原来状态。

3.2　凝胶泡沫流变特征

3.2.1　试验材料

(1) 稠化剂与交联剂。高分子材料,工业品,河南扩源化工产品有限公司生产。

(2) 发泡剂。实验室自制 F3 型发泡剂,活性质量分数均在 90% 以上。

(3) 氯化钠(NaCl)、氯化钙($CaCl_2$)、氯化铝($AlCl_3$)。化学纯,工业品,山东寿光市金吉化工有限公司生产。

(4) 气体。试验中采用空气代替氮气,其气体成分对凝胶泡沫不产生影响。

(5) 水。徐州市自来水,pH 值为 7.73、总硬度(以碳酸钙计)为 483.99 mg/L。

3.2.2　试验器材

Philips HR2006 型搅拌器,香港飞利浦电器集团股份有限公司产品,转速为 6 200 r/min;NDJ-5s 型数字式黏度计,上海尼润智能科技有限公司产品,转速分为 4 挡,分别为 6 r/min、12 r/min、30 r/min 和 60 r/min。

3.2.3　试验制备

凝胶泡沫制备方法为:首先称取一定量的稠化剂和交联剂溶于清水中,搅拌均匀,加入适量 F3 型发泡剂调匀。取 100 mL 该混合溶液置于搅拌器中,开动搅拌器,搅拌时间为 5 min。搅拌停止后,溶液体积迅速膨胀,生成均匀细腻的凝胶泡沫。

3.2.4　主要参数确定

(1) 流变参数。取不同制备条件(不同稠化剂和交联剂共混质量浓度、外加盐、pH 值、温度等)下新制备的凝胶泡沫样品 500 mL,采用黏度计测定其流变参数。为保证凝胶泡沫液膜内稠化剂和交联剂交联形成凝胶,测试前将所有样品均静置半小时。测试时待黏度计转动 20 s 时,记下黏度值,此值即为凝胶泡沫样品的表观黏度。

（2）触变性。当进行触变性考察时,每隔 20 s 增加记录一次黏度计剪切速率,从最低 4.239 s^{-1} 依次升至最高 42.39 s^{-1},同时记录相应的表观黏度,得到一条剪切应力随剪切速率的上升曲线(剪切应力根据表观黏度以及黏度计参数计算得出);再由最高剪切速率依次下降到 4.239 s^{-1},同时记录相应的表观黏度,得到一条下降曲线。以上升曲线和下降曲线是否重合,判断溶液是否具有触变性。若上升曲线和下降曲线不重合而成一个月牙形圈,即存在一个"滞后圈",则说明体系具有触变性,并采用数学积分方法计算出此"滞后圈"面积,根据此圈面积大小可衡量体系触变性程度[81-84]。

3.2.5　试验结果与分析

1. 聚合物浓度的影响

室温 24 ℃,固定 F3 型发泡剂质量浓度为 4‰(与水质量比,下同)、稠化剂和交联剂质量比为 1∶1 不变,改变稠化剂和交联剂混合物质量浓度,制备成不同混合物质量浓度的凝胶泡沫样品。采用黏度计在不同剪切速率(γ)下测定各种样品的表观黏度(η),如图 3-2 所示。

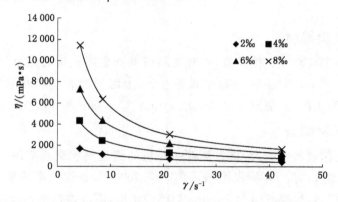

图 3-2　不同共混聚合物质量浓度的凝胶泡沫流变曲线

由图 3-2 知,不同共混聚合物质量浓度下,凝胶泡沫表观黏度均随剪切速率的增加而迅速降低,呈现出剪切稀化的流体特性,且聚合物质量浓度越大,这种剪切稀化性质越明显。为进一步研究共混聚合物质量浓度对凝胶泡沫表观黏度的影响,采用 Ostwald-de Waele 方程对数形式对体系的流变特性进行分析：

$$\ln \eta = \ln k + (n-1)\ln \gamma \tag{3-5}$$

式中　η——表观黏度，mPa·s；

　　　k——黏度系数；

　　　γ——剪切速率，s^{-1}；

　　　n——黏性指数，同式(3-3)中描述。

以 $\ln \eta$ 对 $\ln \gamma$ 作图，结果如图 3-3 所示。通过这些拟合直线的斜率和截距分别求得相应的黏度系数 k 和黏性指数 n 的值，如表 3-1 所示。

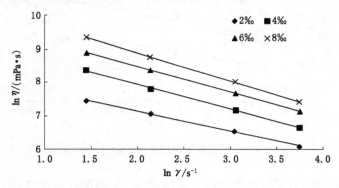

图 3-3　不同共混聚合物质量浓度条件下凝胶泡沫 $\ln \eta$ 对 $\ln \gamma$ 作图

表 3-1　　　　　　　　　浓度对凝胶泡沫黏性指数和黏度系数的影响

浓度 c	黏性指数 n	黏度系数 k	R^2
2‰	0.411 6	4 088.77	0.996 0
4‰	0.274 7	11 931.06	0.998 5
6‰	0.235 0	22 159.02	0.999 9
8‰	0.157 6	38 715.68	0.999 3

由表3-1知，不同稠化剂和交联剂质量浓度制备的凝胶泡沫体系的 $\ln \gamma \sim \ln \eta$ 关系借助 Ostwald-de Waele 方程均可以得到很好的描述（R^2 高达 0.99），且 n 均小于1。这说明不同浓度的凝胶泡沫体系均表现出非牛顿流体流变性质。k 值随凝胶泡沫浓度增大而显著增大，表明其增稠能力随体系浓度增大而增强。n 值随凝胶泡沫浓度增大而减小，则反映出凝胶泡沫的假塑性流体特性随体系浓度增大而进一步增强。

2. 触变性考察

在对不同稠化剂和交联剂混合物质量浓度的凝胶泡沫流变学性质研究的基础上,进一步对 2‰、4‰、6‰ 和 8‰ 浓度的凝胶泡沫进行触变性考察。不同共混聚合物质量浓度条件下,随着剪切速率(γ)的递增和递减,凝胶泡沫体系剪切应力(τ)变化趋势如图 3-4 所示。

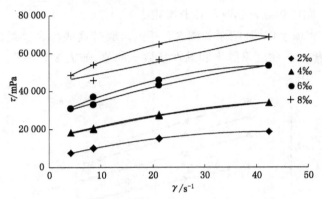

图 3-4   不同浓度下凝胶泡沫的触变性响应

由图 3-4 知,对于共混聚合物质量浓度为 2‰ 的凝胶泡沫体系,其上升和下降流变曲线近似于重合,表明此浓度下体系触变性不明显。当浓度为 4‰ 时,体系的上升和下降流变曲线呈现出微弱的滞后圈,通过积分计算,相应面积为 16 986.35 mPa/s,说明此时凝胶泡沫已经呈现出一定程度的触变性。当浓度达 6‰ 时,凝胶泡沫体系呈现出触变性质,此时滞后圈的面积为 93 711.94 mPa/s。而当浓度达 8‰ 时,滞后圈的面积高达 248 674.6 mPa/s,样品泡沫呈现出非常明显的触变性质。一般认为,触变性是高分子聚合物溶液的重要流变特性之一,可以被看作体系在恒温下"凝胶-溶胶"之间的相互转换过程的表现[85-88]。当体系加入稠化剂和交联剂时,稠化剂分子会在溶液中充分与交联剂分子相互作用形成三维网状结构,使凝胶泡沫的表观黏度增大。但当受到剪切应力(τ)作用时,分子链被拉直,缠结点减少,使得已形成的平衡三维网状结构被破坏,从而使表观黏度下降,呈现出触变特性。并且随着稠化剂和交联剂的质量浓度增加,体系的触变性逐渐明显。从发泡效果和泡沫流动性角度来看,当稠化剂和交联剂混合物质量浓度为 6‰ 时,产生的泡沫量最多,且具有不会影响其流动性的最高黏度。

3. 发泡倍数的影响

为了研究不同发泡倍数对凝胶泡沫表观黏度的影响,试验固定 F3 型发泡剂质量浓度为 4‰,稠化剂和交联剂质量浓度均为 3‰不变,分别制得不同发泡倍数的凝胶泡沫,测得凝胶泡沫表观黏度(η)随发泡倍数(N)的关系,结果如图 3-5 所示。

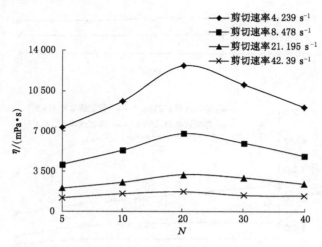

图 3-5　表观黏度与发泡倍数的关系

由图 3-5 看出,不同剪切速率情况下,凝胶泡沫表观黏度均随着发泡倍数的增加先增大后减小。当发泡倍数为 20 倍时,表观黏度达最大值。这是因为随着发泡倍数的增加,单位体积内的泡沫单体数量增多,泡沫单体之间相互挤压和碰撞作用就会变得强烈,因此表观黏度随之增加。但当发泡倍数超过 20 倍后,虽然单位体积内的泡沫单体数量增多,但此时生成的泡沫液膜太薄,液膜强度降低,在相互挤压和碰撞的过程中很容易破碎,表观黏度下降。因此,当发泡倍数为 20 倍时,凝胶泡沫具有最大的表观黏度。

4. 盐的影响

固定 F3 型发泡剂质量浓度为 4‰,稠化剂和交联剂质量浓度均为 3‰不变,加入不同价位、不同质量浓度的氯化钠($NaCl$)、氯化钙($CaCl_2$)和氯化钙($AlCl_3$)等外加盐,配制成盐浓度分别为 2‰、4‰、6‰、8‰和 10‰的凝胶泡沫。测量其在不同剪切速率下,外加盐对流变特性的影响,结果如图 3-6 所示。

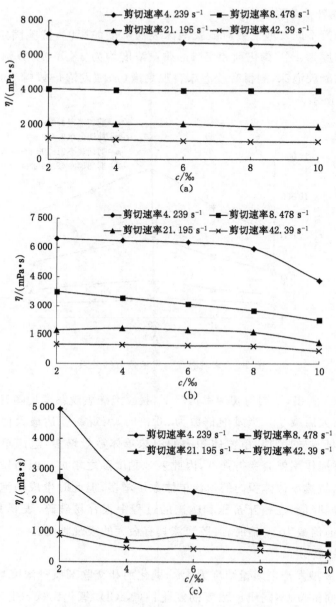

图 3-6　不同浓度外加盐对凝胶泡沫表观黏度的影响

(a) NaCl；(b) $CaCl_2$；(c) $AlCl_3$

由图 3-6 看出,当外加盐为一价 NaCl 时,体系表观黏度随着盐浓度的增加稍有降低;当外加盐为二价 $CaCl_2$ 时,体系表观黏度随着盐浓度的增加明显减小;当外加盐为三价 $AlCl_3$ 时,体系表观黏度随着盐浓度的增加而迅速下降。由此得出,凝胶泡沫表观黏度对外加盐价位极为敏感,且随着外加盐浓度增大而降低,表现出聚电解质溶液的特性。

究其原因,主要是因为试验选用的稠化剂的分子结构中存在大量活性较高的羧酸根负离子(—COO⁻)。当其溶于水时,由于其自身电荷间的排斥作用使分子内无法形成化学键,因此分子链较为舒展,易于与交联剂分子间相互作用形成化学键,使得分子链间的缠结点增加,交联形成网状结构。然而,当 NaCl、$CaCl_2$ 或 AlC_3 等外加盐加入时,由于这些盐均属于强电解质,会电离出大量 Na^+、Ca^{2+} 或 Al^{3+},这些离子会作为抗衡离子分布在聚阴离子链外部与内部,使—COO⁻ 周围得到静电平衡,以致稠化剂电离作用下降,分子链发生卷曲,阻碍与交联剂发生聚合反应,使泡沫黏度下降。因此,加入盐的价位越高、浓度越大,体系的表观黏度降低越明显。

5. pH 值的影响

在稠化剂和交联剂质量浓度均为 3‰ 的混合溶液中,分别加入盐酸和氢氧化钠,调 pH 值依次至 2～12,发泡制得具有不同 pH 值的凝胶泡沫。测定在不同剪切速率下,pH 值对凝胶泡沫流变特性的影响,结果如图 3-7 所示。

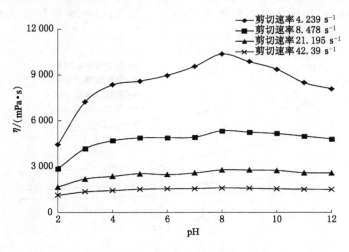

图 3-7　不同剪切速率下 pH 值对凝胶泡沫表观黏度的影响

由图 3-7 变化趋势可以看出,不同剪切速率下,凝胶泡沫表观黏度均随着 pH 值的增加先上升后下降,当 pH 值等于 8 时,达最大值;试验还发现表观黏度对酸的敏感度要大于其对碱的敏感度。

究其原因,这是因为稠化剂的分子结构中存在大量活性较高的 —COO^-,当加入 HCl 时,溶液中 H^+ 浓度增加,它会与稠化剂分子中部分—COO^- 结合形成—COOH,使稠化剂解离度降低,以致其分子间排斥力减弱,分子链舒展不充分而发生蜷曲,不能与交联剂分子发生反应。pH 值越小,体系表观黏度越低。当加入 NaOH 时,虽然溶液中也增加了 Na^+ 的浓度,并且根据外加盐的影响知其也会使溶液的黏度降低,但由于 OH^- 浓度也增加,它会与溶液中 H^+ 结合致使稠化剂解离度增大;此外,OH^- 还会与稠化剂分子中众多—OH 发生作用形成更多的负离子,加强了稠化剂分子间的相互排斥作用,使分子链充分舒展,与交联剂交联,体系表观黏度有增大趋势,当 pH 值等于 8 时,达最大值。当 pH 值大于 8 后,交联剂的水化速率将会变慢,影响与稠化剂的交联效果,体系表观黏度下降。因此,凝胶泡沫表观黏度在碱性条件下,随 pH 值增大略有降低,但较酸性条件下下降趋势减缓。

6. 温度的影响

制备 F3 型发泡剂质量浓度为 4‰、稠化剂和交联剂质量浓度均为 3‰的凝胶泡沫样品,测定其在不同温度下的表观黏度,以此确定体系的流变特性随温度(T)的影响,结果如图 3-8 所示。

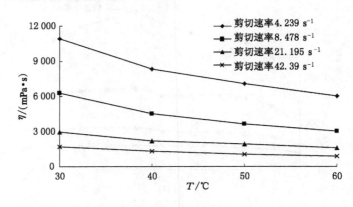

图 3-8 不同剪切速率下温度对凝胶泡沫表观黏度的影响

由图 3-8 可以看出,同一剪切速率下,随着温度的升高,凝胶泡沫的表观黏度不断降低。这主要是因为当温度升高时,稠化剂和交联剂分子热运动加剧,分子间化学键被破坏,胶体结构松弛,不能形成三维网状结构。此外,温度升高,稠化剂分子可能会发生部分降解,不能与交联剂共聚形成凝胶。同时,温度升高也会加速液膜蒸发,使得泡沫壁变薄,致使凝胶泡沫的表观黏度降低。

零切黏度是表征聚合物流变特性的一个重要参数。为了求得聚合物浓度为 3‰情况下凝胶泡沫的零切黏度,采用 Spencer-Dillon 经验公式的对数形式[88]:

$$\ln \eta = \ln \eta_0 - \tau/b \tag{3-6}$$

式中　　η——表观黏度,mPa·s;

　　　　η_0——零切黏度,mPa·s;

　　　　τ——剪切应力,mPa;

　　　　b——反映表观黏度对剪切应力敏感程度的参数,b 越小,η 对 τ 越敏感。

对 F3 型发泡剂质量浓度为 4‰、稠化剂和交联剂质量浓度均为 3‰的凝胶泡沫在不同温度下的有关试验数据进行回归分析,结果如图 3-9 所示。并通过这些拟合直线的截距求得对应温度下的 $\ln \eta_0$,结果如表 3-2 所示。

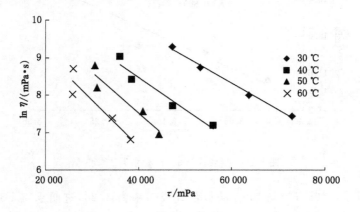

图 3-9　不同温度下凝胶泡沫的 $\ln \eta$ 对 τ 作图

表 3-2　　　　　　　　　　温度对凝胶泡沫 ln η_0 的影响

$T/℃$	ln η_0	R^2
30	12.57	0.993
40	11.89	0.947
50	11.83	0.917
60	11.52	0.868

由图 3-9 和表 3-2 可以看出,所有数据的 $\tau\sim$ ln η 的拟合关系良好,R^2 均在 0.86 以上。在此基础上,用拟合所求的 ln η_0 对 T^{-1} 作图,如图 3-10 所示。从拟合结果来看,ln η_0 与 T^{-1} 有较好的直线关系($R^2=0.889$),符合 Arrhenius 公式:

$$\ln \eta_0 = \ln A - \frac{E_a}{RT} \tag{3-7}$$

式中　A——指前因子,取决于反应物质的本质,单位与 η_0 相同;

　　　R——摩尔气体常量,8.314 J/(mol·K);

　　　T——热力学温度,K;

　　　E_a——黏流活化能,J/mol。

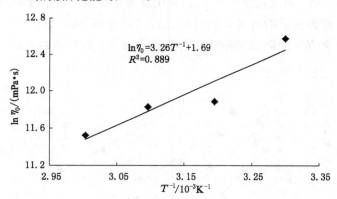

图 3-10　凝胶泡沫的 ln η_0 对 T^{-1} 作图

由图 3-10 知,T^{-1} 与 ln η_0 的拟合直线斜率为 3.26,进而求得 F3 型发泡剂质量浓度为 4‰、稠化剂和交联剂质量浓度均为 3‰的凝胶泡沫黏流活化能(E_a)为 27.10 kJ/mol。同时上述研究表明,零切黏度对温度存在依赖关系,随着温度的升高而降低。

3.3　剪切稀化特性的试验研究

3.3.1　试验目的

1. 剪切稀化性质

表观黏度的物理意义是剪切应力-剪切速率的斜率。凝胶泡沫作为一种特殊的两相复杂流体,研究表观黏度与剪切速率之间的关系,是确定其在外力作用下流动模型性质的关键。

2. 剪切应力-剪切速率的数学模型

由于凝胶泡沫的微观结构比较复杂,影响因素众多,加上测量手段不成熟等因素,目前还没有理想的凝胶泡沫剪切应力-剪切速率数学模型的出现。

通过对凝胶泡沫屈服应力的测定,结合表观黏度与剪切速率的关系,建立泡沫剪切应力-剪切速率曲线和数学表达式,这一数学模型将对开展凝胶泡沫在多孔介质中的流动特性研究具有十分重要的意义。

3.3.2　试验方法

为了研究凝胶泡沫的流变学性质,在不同剪切速率、不同转子条件下(采用 NDJ-5s 型数字式黏度计),对凝胶泡沫的表观黏度分别进行了测定。为了确保稠化剂和交联剂交联形成凝胶,凝胶泡沫样品不能重复使用(每次试验均取新鲜试样),且检测时间控制在取样后半小时。

3.3.3　试验结果与讨论

1. 剪切稀化性能研究

试验配置 F3 型发泡剂质量浓度为 4‰、稠化剂和交联剂质量浓度均为 3‰的凝胶泡沫,用不同转子和转速(n)测得的表观黏度(η)如表 3-3 和图 3-11 所示。

表 3-3　　　　不同转子和转速测得的凝胶泡沫表观黏度

转速/(r/min)		6	12	30	60
表观黏度 /(mPa·s)	1 号转子	872	436	174	87
	2 号转子	4 353	2 177	872	436
	3 号转子	7 294	4 340	2 158	1 252
	4 号转子	17 455	10 152	5 223	2 945

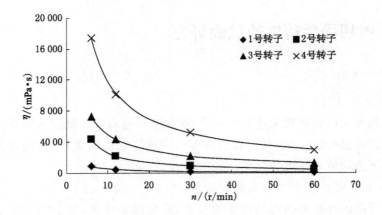

图 3-11　凝胶泡沫表观黏度随不同转子和转速变化规律

由图 3-11 可知，不同转子情况下，凝胶泡沫表观黏度表现出同样的变化趋势，当转子从 6 r/min、12 r/min、30 r/min 提高到 60 r/min 时，表观黏度均随之明显下降。这一规律符合剪切稀化流体的性质。

出现剪切稀化现象的原因：在静置的凝胶泡沫体系中，稠化剂和交联剂分子链的排列是无规则的，彼此之间相互缠结在一起形成三维网状结构，对流动产生很大的黏性阻力。因此，在低剪切速率时，凝胶泡沫表现出较大的表观黏度。随着剪切速率的增大，三维网状结构受到较大的剪切力作用，原来卷曲缠结在一起的分子链被打开，拉直取向，定向排列，缠结点减少，所以表观黏度降低。随着剪切力作用的持续，分子链的定向排列基本完成，表观黏度趋于稳定。

对于同一次取样的凝胶泡沫，不同转速、不同型号的转子测得的表观黏度值不同，这是由凝胶泡沫的非均一的两相结构决定的，所以凝胶泡沫的表观黏度不仅与泡沫本身的性质有关，还与仪器设备、剪切速率等因素有关。因此，凝胶泡沫的表观黏度不能作为衡量泡沫性质的唯一指标。

2. 抗剪切性能

在上述研究的基础上，取试验制成的凝胶泡沫 500 mL，黏度计采用 3 号转子，以 12 r/min、30 r/min 和 60 r/min 的转速剪切 7 min，测定其表观黏度。绘制出表观黏度（η）随剪切作用时间（T）的变化关系，如图 3-12 所示。

由图 3-12 可以看出，测定的初始阶段，凝胶泡沫的表观黏度均有下降。

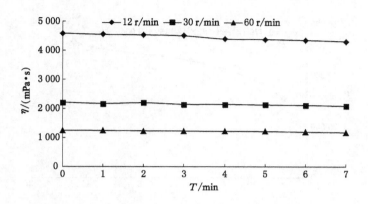

图 3-12　凝胶泡沫的抗剪切稳定性

随着测定的延续,凝胶泡沫的表观黏度变化幅度不大。这一现象再次说明凝胶泡沫具有剪切稀化的特性,这种剪切稀化现象可以改善体系的泵送和灌注工艺。当聚合物溶于水时,由于溶解作用,分子链呈充分舒展状态。施加剪切力后,剧烈的剪切作用使聚合物分子链在流动方向上的排列具有方向性,聚合物分子间的作用力相对下降,同时减弱了稠化剂和交联剂间的相互作用,造成凝胶泡沫表观黏度下降;经过一段时间剪切后,聚合物分子的定向排列已基本完成,继续剪切的效果变得不明显,表观黏度逐渐趋于稳定。

3. 剪切应力-剪切速率曲线

试验采用 F3 型发泡剂质量浓度为 4‰、稠化剂和交联剂质量浓度均为 3‰ 的凝胶泡沫,取 3 号转子测定其表观黏度与剪切速率的关系,通过表观黏度计算出剪切应力。进而确定出一条凝胶泡沫流体的剪切应力-剪切速率曲线,如图 3-13 所示。

对曲线进行拟合,得到三次多项式为:

$$\tau = 0.779\,1\gamma^3 - 66.682\gamma^2 + 2\,136\gamma + 23\,004 \tag{3-8}$$

相关性系数为 $R^2 = 1$,表明相关紧密。

屈服应力的物理意义是剪切速率为零时剪切应力的值,所以由式(3-8)可以求得凝胶泡沫的屈服应力值为 23 004 mPa。该数学模型较好地描述了凝胶泡沫这一特殊两相流体的流变学性质,属于带有屈服值的假塑性流体。当剪切应力低于 23 004 mPa 时,凝胶泡沫表现出类似于固体的性质;反之,凝胶

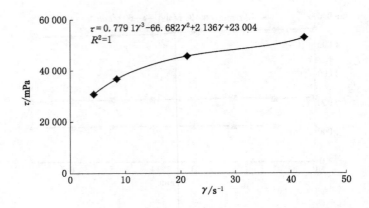

$$\tau = 0.779\,1\gamma^3 - 66.682\gamma^2 + 2\,136\gamma + 23\,004$$
$$R^2 = 1$$

图 3-13　凝胶泡沫剪切应力-剪切速率曲线

泡沫开始流动。

上述数学模型是在确定的发泡剂、聚合物和给定的转子下测定得到的，不同的材料、浓度和转子下得到的数学模型的系数可能不同。

3.4　附壁性能和渗透性试验研究

3.4.1　试验方法

1. 表观黏度的测定

由《泡沫灭火剂》(GB 15308—2006)知,流动性是表征泡沫附壁性能的基本指标。在以往的研究中,一般将泡沫液原液的黏度作为衡量泡沫附壁性能的指标,但由于泡沫是气-液两组成的复杂混合体系,流动性与泡沫液原液相差悬殊,所以泡沫体系自身的黏度才能够真正反映泡沫附壁性能。因此,本书采用表观黏度衡量泡沫体系附壁性能。

试验采用 NDJ-5s 型旋转黏度计分别测定质量浓度为 3‰稠化剂溶液、3‰交联剂溶液、6‰稠化剂溶液、6‰交联剂溶液、均为 3‰稠化剂和交联剂混合溶液以及均为 3‰稠化剂和交联剂混合溶液制备的凝胶泡沫体系表观黏度。

2. 表面张力系数的测定

采用凝胶泡沫防治矿井煤炭自燃时,泡沫液应能渗入煤体内一定深度。

防治煤自燃的凝胶泡沫及特性研究

这就要求复合添加剂应具有湿润剂的功效,湿润剂可以降低水的表面张力和界面张力,使水更容易渗透到煤体内部。在直接灭火时,可以扑灭煤体深层的火,在火场清理时可以有效防止复燃。《泡沫灭火剂》(GB 15308—2006)中规定泡沫表面张力必须采用表面张力仪进行测定。根据实验室条件,本次采用 JWY-200 全自动表、界面张力仪(拉脱法)对水、凝胶泡沫原液(稠化剂和交联剂质量浓度均为 3‰的混合液)、凝胶泡沫混合液(原液和质量浓度为 4‰的 F3 型发泡剂混合液)以及凝胶泡沫(凝胶泡沫混合溶液发泡制得)的表面张力系数进行了测定。试验装置同第 2 章图 2-23。

3. 渗透性能的测定

为了研究凝胶泡沫的渗透性能,将凝胶泡沫与两相泡沫、水的渗透性分别进行对比。试验选取 3 个形状相似干燥过的木块(ϕ38 mm,高 20 mm,为了使之易于沉入水中,在木块上嵌入 5 枚图钉),分别置于装满凝胶泡沫、两相泡沫和水的杯中,如图 3-14 所示。每隔 5 min 取一次木块,用吸水纸吸取表面残留水分后称重,并对 3 组结果进行对比分析。

图 3-14　不同样品对木块的渗透性试验

3.4.2　试验结果与讨论

1. 泡沫的附壁性能

常温下,采用黏度计分别对质量浓度为 3‰稠化剂溶液、3‰交联剂溶液、6‰稠化剂溶液、6‰交联剂溶液、均为 3‰稠化剂和交联剂混合溶液以及均为 3‰稠化剂和交联剂混合溶液制备的凝胶泡沫等不同体系的表观黏度进行了测定,结果如表 3-4 所示。

表 3-4　　　　　　　　　　　　不同体系的表观黏度

样品名称	3‰稠化剂溶液	3‰交联剂溶液	6‰稠化剂溶液	6‰交联剂溶液	3‰稠化剂＋3‰交联剂复合溶液	凝胶泡沫
表观黏度/(mPa·s)	754	691	1 085	928	1 525	14 004

　　由于凝胶泡沫是一种集气-液于一体的特殊复杂体系,其物理性质与其组成成分——聚合物、氮气和水差别很大。由表 3-4 知,在常温下,3‰稠化剂和3‰交联剂复合溶液表观黏度仅为 1 525 mPa·s,而其制备的凝胶泡沫体系表观黏度高达 14 004 mPa·s,是复合溶液表观黏度的 9 倍。其次,单纯的6‰稠化剂溶液、6‰交联剂溶液表观黏度也仅为 1 085 mPa·s 和 928 mPa·s,远远低于 3‰稠化剂和 3‰交联剂复合溶液制备的凝胶泡沫表观黏度。因此,当复合溶液发泡形成凝胶泡沫后,表观黏度大大提高,经管路输送到预定区域覆盖在煤体表面后,能够表现出良好的黏附性能,可牢固地黏附在煤体表面,阻碍煤体氧化。

　　2. 表面张力

　　在室温 20 ℃下,采用表、界面张力仪分别测得水、凝胶泡沫原液(稠化剂和交联剂质量浓度均为 3‰的混合液)、凝胶泡沫混合液(原液和质量浓度为4‰的 F3 型发泡剂混合液)以及凝胶泡沫(凝胶泡沫混合液发泡制得)体系的表面张力,得到的数据如表 3-5 所示。

表 3-5　　　　　　　　　　　　不同样品的表面张力比较

样品名称	水	凝胶泡沫原液	凝胶泡沫混合液	凝胶泡沫
表面张力/(mN/m)	72.7	56.2	30.1	36.1

　　由表 3-5 可知,凝胶泡沫混合液的表面张力为 30.1 mN/m,仅为水表面张力的 41.40%;凝胶泡沫的表面张力为 36.1 mN/m,为水表面张力的49.66%。由此可见,当凝胶泡沫覆盖在煤体表面时,能够迅速地渗透到煤体内部,渗透性较水显著提高。

　　3. 渗透性能

　　在室温 20 ℃下,将形状近似相同的木块分别沉入水、两相泡沫和凝胶泡沫中,不同时刻的质量变化如表 3-6 所示。

表 3-6　　　　　　　　　**木块在不同材料中的渗透性比较**

试验试剂 \ 时间/min （木块质量/g）	0	5	10	15	20	25	30	35	40	45
水	8.507	8.91	9.03	9.108	9.144	9.20	9.35	9.35	9.37	9.401
两相泡沫	8.607	8.993	9.204	9.412	9.447	9.560	9.563	9.688	9.708	9.819
凝胶泡沫	8.517	10.253	10.750	70.952	11.218	11.273	11.289	11.301	11.435	11.435
试验试剂 \ 时间/min （木块质量/g）	50	55	60	65	70	75	80	85	90	
水	9.468	9.510	9.672	9.673	9.675	9.720	9.755	9.772	9.772	
两相泡沫	9.941	10.016	10.120	10.127	10.233	10.298	10.298	10.298	—	
凝胶泡沫	11.435	—	—	—	—	—	—	—		

由表 3-6 可以看出，水的最大渗透质量为 1.265 g，最大渗透率为 14.87%；两相泡沫的最大渗透质量为 1.691 g，渗透率为 19.65%；凝胶泡沫最大渗透质量为 2.918 g，渗透率达 34.26%。由此可见，凝胶泡沫体系的渗透性明显优于水和两相泡沫的渗透性，是水的 2.3 倍，两相泡沫的 1.74 倍；且凝胶泡沫达到最大渗透率时间仅为 40 min，而水和两相泡沫的最大渗透时间为 85 min 和 75 min，仅为水和两相泡沫的一半。因此，在直接扑灭火或清理火场时，凝胶泡沫可以更有效、更迅速地渗入到可燃物的内部，有效地抑制可燃物自燃或复燃。

3.5　凝胶泡沫在采空区堆积与扩散特性研究

3.5.1　凝胶泡沫在采空区流动数学模型

1. 渗流数学模型

凝胶泡沫在采空区的渗流是一个比较复杂的物理运动过程，本书在研究凝胶泡沫扩散、堆积等运动规律的过程中，兼顾数学模型的实用性和真实性，对凝胶泡沫的性质作出以下假设：

（1）凝胶泡沫在采空区流动状态为层流流动；

（2）凝胶泡沫被看作均相流体，在采空区中以整体的方式运移，满足连续介质理论，气体压缩对渗流过程的影响忽略不计；

（3）在采空区运动过程中，凝胶泡沫与煤体之间不存在流固耦合作用；

（4）采空区渗透率不随凝胶泡沫的灌注而发生变化，只与距采煤工作面的距离有关；

（5）凝胶泡沫流动过程中适用达西定律。

Fluent 软件作为解决实际工程问题的数值模拟软件，最终目的是为了描述流体在流场的变化情况。为了利用该软件，首先要建立流体动力学控制方程。流体动力学的基础是建立 Navier-Stokes 方程，其主要由连续性方程、动量方程和能量方程组成。

连续性方程：

$$\frac{\partial \rho}{\partial t} + \frac{\partial \rho v_j}{\partial x_j} = 0 \tag{3-9}$$

动量方程：

$$\rho \frac{\partial v_i}{\partial t} + \rho v_j \frac{\partial v_i}{\partial x_j} = -\frac{\partial p}{\partial x_i} + \frac{\partial \sigma_{ji}}{\partial x_j} \tag{3-10}$$

能量方程：

$$\rho \frac{\partial H}{\partial t} + \rho v_j \frac{\partial H}{\partial x_j} = \frac{\partial p}{\partial t} + \frac{\partial (\sigma_{ji} v_i - q_j)}{\partial x_j} \tag{3-11}$$

式中　　ρ——密度；

　　　　t——时间；

　　　　x——位置；

　　　　v——速度（所有分量）；

　　　　p——压力；

　　　　H——总焓；

　　　　σ——黏性应力张量；

　　　　q——热通量。

由于采空区属于高渗介质流场，重力对凝胶泡沫在高渗介质中的渗流规律的影响不可忽略。考虑重力和屈服应力，凝胶泡沫在采空区中的流动遵循 HB 流体修正了的达西定律，如下所示：

$$\begin{cases} v = \dfrac{K}{\eta}\left(\dfrac{\partial p}{\partial x} + \rho g \sin \alpha - G_0\right) & \dfrac{\partial p}{\partial x} + \rho g \sin \alpha \geqslant G_0 \\ v = 0 & \dfrac{\partial p}{\partial x} + \rho g \sin \alpha \leqslant G_0 \end{cases} \tag{3-12}$$

式中　v——凝胶泡沫的渗流速度；

　　　K——凝胶泡沫的有效渗透率；

　　　η——凝胶泡沫的表观黏度；

　　　α——流场与水平线之间的夹角；

　　　p——凝胶泡沫所受的压力；

　　　G_0——最小启动压力梯度。

G_0 与屈服应力 τ_0 有如下关系：

$$G_0 = \frac{7}{3}\tau_0\sqrt{\frac{\varphi}{2K}} \tag{3-13}$$

式中　τ_0——屈服应力；

　　　φ——空隙率。

渗流过程中凝胶泡沫的黏度可近似表示为：

$$\eta = \delta v^{n-1} = \delta\,(v_x^2 + v_y^2 + v_z^2)^{\frac{n-1}{2}} \tag{3-14}$$

对于凝胶泡沫，δ 可近似表示为：

$$\delta = \frac{2C}{8^{\frac{n+1}{2}}\,(K\varphi)^{\frac{n-1}{2}}\left(\dfrac{n}{1+3n}\right)^n} \tag{3-15}$$

式中　n——凝胶泡沫本构方程中的流动指数；

　　　C——凝胶泡沫本构方程中的黏度系数。

将式(3-14)代入式(3-12)得

$$v = -\frac{K}{\delta\,(v_x^2 + v_y^2 + v_z^2)^{\frac{n-1}{2}}}\left(\frac{\partial p}{\partial x} + \rho g \sin \alpha - G_0\right) \tag{3-16}$$

式(3-16)即为凝胶泡沫渗透的运动方程,将该式代入凝胶泡沫渗流的连续方程,即可得到凝胶泡沫的渗流偏微分方程。

凝胶泡沫的流动特性关系到凝胶泡沫在采空区内的扩散速度和扩散范围、在采空区多孔介质中的渗流强度和渗流速度以及堆积高度等,这些直接决定了在现场应用凝胶泡沫的工艺和技术,对充分发挥凝胶泡沫的防灭火效果有着极其重要的作用。

2. 堆积数学模型

凝胶泡沫在采空区通过渗流向高处堆积,由凝胶泡沫状态方程可知其在采空区的堆积情况。凝胶泡沫堆积的高度 h 与注入流量 Q_f、泡沫密度 ρ_f、注入时间 t 以及空间的面积 S 等有关。由于凝胶泡沫稳定性较高,在此不考虑凝胶泡沫半衰期。

$$h = f(Q_f, \rho_f, t, S) \tag{3-17}$$

由状态方程可以求得凝胶泡沫在采空区堆积高度 h 为:

$$h = 2Q_f \left[1 - \exp\left(-\frac{t}{2} \right) \right] - \frac{K\rho_f^2 Q_f^2 g}{2S^2 p_0^2} t^2 \tag{3-18}$$

式中,p_0 指凝胶泡沫输送管道出口处压力,Pa。

此方程即为凝胶泡沫在采空区堆积高度的数学模型。

对式(3-18)求导,即可得到凝胶泡沫堆积的速率 v_h:

$$v_h = Q_f \exp\left(-\frac{t}{2} \right) - \frac{K\rho_f^2 Q_f^2 g}{S^2 p_0^2} t \tag{3-19}$$

当 $v_h = 0$ 时,凝胶泡沫达到最大堆积高度。

由式(3-18)知,凝胶泡沫在开始灌注的时候,堆积高度随时间的增长迅速增加,当达到一定高度后,堆积高度基本不再变化,甚至由于重力和外界破坏等情况,高度反而降低。堆积速率也是灌注开始时刻较大,随着灌注时间的延续,堆积速率逐渐降低,当堆积速率近似为零时,达最大堆积高度。

3.5.2 凝胶泡沫基本物理参数

1. 凝胶泡沫密度

凝胶泡沫主要由含稠化剂和交联剂的水溶液在 F3 型发泡剂作用下发泡制备而成,其质量配比为 F3 型发泡剂:稠化剂:交联剂:水为 4:3:3:990。假设发泡倍数为 20 倍,则 0.99 m^3 水需要 F3 型发泡剂、稠化剂和交联剂分别 4 kg、3 kg 和 3 kg,氮气质量忽略不计,发泡后体积约 20 m^3。经计算,凝胶泡沫的密度为 50 kg/m^3。

2. 凝胶泡沫黏度

由 3.3 节知,凝胶泡沫剪切应力与剪切速率的关系为:

$$\tau = 0.779\,1\gamma^3 - 66.682\gamma^2 + 2\,136\gamma + 23\,004$$

因此,凝胶泡沫的表观黏度为:

$$\eta = 0.779\,1\gamma^2 - 66.682\gamma + 2\,136 + \frac{23\,004}{\gamma} \tag{3-20}$$

3.5.3 模拟参数确定

1. 工作面参数

假设某煤矿采煤工作面埋深 250 m,走向长 2 000 m,倾向长 240 m,煤层厚度平均 9.5 m。采用综采放顶煤回采工艺开采,全部垮落法管理顶板,采高 3.2 m,放顶 6.3 m,采放比 1∶1.97,回采率按 83％计算。顶板厚度平均 12 m。工作面采用放顶煤液压支架支护顶板。进风巷、回风巷巷高 3 m、宽 3.5 m,通风方式采用 U 形通风。

2. 空隙率的确定

采空区渗透率是表征采空区流场渗流能力的唯一参数,也是凝胶泡沫在采空区渗流模拟的关键参数之一。根据 Kozeny-Carman 公式,采空区的渗透率(K)和空隙率(φ)分布具有一定的对应关系,即 $K = f(\varphi)$。空隙率可表示为:

$$\varphi = 1 - \frac{1}{K_p} \tag{3-21}$$

式中,K_p 为采空区煤岩的平均碎胀系数。

根据采空区覆岩结构运动规律及相关矿压理论,采空区水平方向依据冒落带内煤岩堆积状态的不同可划分为三个区,分别为自然堆积区、载荷影响区和压实区。结合该工作面的实际情况,不同区域的煤岩平均碎胀系数可表达为:

$$K_{p1} = \frac{\sum h - \Delta h + m_1 + m_2 c}{\sum h + m_2(1-c)} = 1.56 \quad x < 20 \text{ m} \tag{3-22}$$

$$K_{p2} = \frac{\sum h + m_1 + m_2 c - H_2}{\sum h + m_2(1-c)} \quad 20 \leqslant x \leqslant 90 \text{ m} \tag{3-23}$$

$$K_{p3} = 1.1 \quad x > 90 \text{ m} \tag{3-24}$$

式中　　K_{p1},K_{p2},K_{p3}——自然堆积区、载荷影响区和压实区的煤岩平均碎胀系数;

m_1,m_2——煤层开采厚度及工作面放煤高度,m;

$\sum h$——直接顶厚度,m;

Δh——冒落带岩体与顶板间的间隙,m;

c——回采率,％;

H_2——顶板岩梁沉降量,m;

x——采空区走向方向上距工作面的距离,m。

3. 渗透率的确定

当采空区空隙率的分布函数被确定后,根据 Kozeny-Carman 关系式,采空区的渗透率表达式如下:

$$K = \frac{K_0}{0.241} \times \frac{\varphi^3}{(1-\varphi)^2} \qquad (3\text{-}25)$$

式中,K_0 为采空区基准渗透率,根据 Hoek 和 Bray 的研究结果,K_0 取 10^3D。

3.5.4 扩散与堆积过程的数值模拟

1. 几何模型

Fluent 软件自身只是一个具有将计算结果可视化的功能的求解器,不具有建立模型和进行网格划分的功能,而且需要其前处理软件的支持。本书采用 Gambit 软件建立采空区的物理模型并进行网格划分。

本次模拟采空区的走向长度按 500 m、倾向长度按 240 m、高度按 20 m 计算。采空区上下帮为实体煤(变形量忽略不计),故将采空区的两帮及切眼视为"壁面"边界条件。凝胶泡沫的灌注方式为在回风巷沿采空区底板预埋管灌注,预埋管出口位于采空区深部 30 m,主要模型参数如表 3-7 所示。

表 3-7   某采空区几何模型的基本参数及边界条件

序号	模型参数	参数值
1	工作面尺寸	长 240 m,高 3.0 m,宽 8 m
	巷道尺寸	高 3.0 m,宽 3.5 m
2	采空区尺寸	长 500 m,宽 240 m,高 20 m
3	凝胶泡沫表观黏度	$\eta = 0.779\,1\gamma^2 - 66.682\gamma + 2\,136 + \dfrac{23\,004}{\gamma}$
4	灌注方式	在回风巷沿底板预埋管灌注,管径为 0.108 m,采空区内埋管长 30 m
5	灌注流量	10 m³/min

本模型中,采空区尺寸为 500 m×240 m×20 m,而灌注凝胶泡沫管路直径仅为 0.108 m,与采空区的尺寸相差较大,这样容易造成网格划分结果不准

确,导致 Fluent 模拟错误,与现实不符。因此,为了准确模拟灌注凝胶泡沫的真实情况,在回风侧采空区深部 30 m 处挖除一个直径为 0.108 m 的圆柱体,将该圆柱体圆形壁面作为灌注凝胶泡沫的入口,该处理不会对模拟结果产生影响,且有利于提高运算速度和模拟精度。

2. 结果与分析

根据上述参数,利用 Fluent 软件对凝胶泡沫在不同倾角采空区的扩散堆积情况进行数值模拟。模拟中扩散宽度和堆积高度均以凝胶泡沫覆盖率为 20% 的等值曲面为标准,不同时刻凝胶泡沫在采空区的扩散堆积情况如图 3-15 所示。

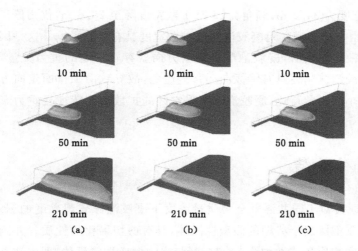

图 3-15　向采空区灌注凝胶泡沫的扩散堆积状态
(a) 5°倾角;(b) 10°倾角;(c) 15°倾角

通过向不同倾角采空区灌注凝胶泡沫的数值模拟,可以得出以下结论:

(1) 当工作面倾角为 5°时,凝胶泡沫在采空区内的最高堆积高度为 3.51 m,最高堆积点位于灌注泡沫管路出口的正上方。在倾向方向上,随着与灌注出口距离的增加,凝胶泡沫的堆积高度缓慢降低,直至堆积高度为零。此外,模拟过程中发现,灌注初期,凝胶泡沫的堆积高度迅速增加;当灌注 50 min 时,堆积高度就达 3.42 m,与最大堆积高度基本相同。这就表明当采空区埋管灌注凝胶泡沫时,在灌注的初期就可达到堆积高度的最大值,此后随着灌注时间的延长,不能继续增加凝胶泡沫的堆积高度,但继续灌注可以增加凝胶泡沫的覆盖长度和扩散宽度。

（2）在倾角为5°的情况下，模拟过程中还发现，当灌注凝胶泡沫120 min时，扩散宽度就达到最大值34.2 m。此后，随着灌注时间的延长，凝胶泡沫的堆积高度和扩散宽度都不再变化，但继续灌注，凝胶泡沫沿工作面倾向方向的扩散长度在不断增大，当达到210 min时，沿倾向的扩散长度为74.7 m，若持续灌注，扩散长度仍会继续增加。

（3）当工作面倾角由5°增加到15°时，凝胶泡沫在采空区内的堆积高度变化不大，如倾角为5°时，堆积高度为3.51 m，倾角增加至15°时，堆积高度为3.61 m，增幅仅为2.8%。但扩散宽度随着倾角的增加迅速减小，如倾角为5°时，扩散宽度为34.2 m，倾角为15°时扩散宽度降至20.3 m，仅为原扩散宽度的59%，由此可知倾角对凝胶泡沫的扩散宽度具有重要影响。这是因为当工作面具有一定倾角时，凝胶泡沫沿倾斜方向就存在一定的重力分量，该重力分量使凝胶泡沫始终具有沿倾向运移的趋势，故导致沿工作面走向方向的扩散宽度减小。由此可见，凝胶泡沫在采空区的扩散流动特征受重力影响较为明显。

3.6　本章小结

（1）通过对不同共混聚合物质量浓度下凝胶泡沫表观黏度的测定，得出防灭火凝胶泡沫属于典型的假塑性流体，具有剪切稀化的性质。并测得当稠化剂和交联剂质量浓度均为3‰时，凝胶泡沫触变性能最佳，即泡沫具有不会影响其流动性的最高黏度。

（2）探讨了不同发泡倍数、外加盐和pH值对凝胶泡沫表观黏度的影响。试验证实，当发泡倍数为20倍时，凝胶泡沫具有最大的表观黏度；随外加盐价位和浓度的增大，凝胶泡沫表观黏度均降低，表现出聚电解质的通性；随着pH值的增加，表观黏度随之先增大后减小，且表现出对酸度较为敏感的特性。

（3）考察了温度对凝胶泡沫表观黏度的影响。结果表明，凝胶泡沫表观黏度随温度的升高而下降。并通过回归分析发现，零切黏度对温度具有依赖关系，随着温度的升高而降低，并求得稠化剂和交联剂质量浓度均匀3‰的凝胶泡沫的黏流活化能为27.10 kJ/mol。

（4）对凝胶泡沫表观黏度与剪切速率的关系进行了研究。结果表明,凝胶泡沫属于假塑性流体,表现出剪切稀化的性质。建立了剪切应力-剪切速率的数学表达式,并由此计算出凝胶泡沫的屈服应力,表明凝胶泡沫是一种带有屈服应力的假塑性流体。

（5）对凝胶泡沫的表观黏度、表面张力和渗透率等参数进行了测定。结果表明,凝胶泡沫表观黏度高达 14 004 mPa,是单纯发泡溶液的 9 倍;表面张力系数为 36.1 mN/m,是水的 49.66%;渗透率达 34.26%,是水的 2.3 倍、两相泡沫的 1.74 倍。

（6）采用 Fluent 软件对凝胶泡沫在不同倾角采空区的扩散堆积情况进行了数值模拟。结果表明,工作面倾角是凝胶泡沫在采空区扩散宽度的重要影响因素。当工作面倾角为 5°时,扩散宽度为 34.2 m;当倾角增加到 15°时,扩散宽度缩减到 20.3 m。但工作面倾角对堆积高度影响不大,如倾角由 5°提高到 15°时,堆积高度仅从 3.51 m 增加到 3.61 m。

4 凝胶泡沫成膜特性研究

凝胶泡沫作为一种新的防治煤炭自燃材料的发展方向,不但可以有效地对采空区中、高位煤体进行封堵和降温,还能在煤体表面凝结出一层类似布匹状的致密薄膜,达到持续隔绝氧气和封堵煤体裂隙的作用。本章采用实验室自制的 F3 型发泡剂、稠化剂和交联剂为制备材料,研究凝胶泡沫的成膜形态,并对不同聚合物配比、浓度成膜的微观形貌、水蒸气透过性、吸水性、热辐射阻隔性和堵漏性等进行观测,为凝胶泡沫的大规模应用提供可靠性研究。

4.1 试验材料

4.1.1 原料

试验所用原料及试剂如表 4-1 所示,为了试验的真实可靠性,使用的稠化剂和交联剂均为工业级。

表 4-1　　　　　　　　　原料及试剂

原料名称	规　格	来　源
F3 型发泡剂	工业级	实验室自制
稠化剂	工业级	河南扩源化工产品有限公司
交联剂	工业级	河南扩源化工产品有限公司
水	—	徐州市自来水

4.1.2 仪器

试验中采用的仪器主要有 Philips HR2006 型搅拌器,香港飞利浦电器集团股份有限公司制造,转速为 6 200 r/min,如图 2-23(a)所示;Dimension Icon 型原子力显微镜,美国 Bruker(Veeco)公司制造,如图 2-15 所示;KW 型匀胶机,SIYOUYEN 公司产品,装置如图 2-17 所示。

4.2 试验方法

4.2.1 凝胶泡沫制备

为了考察凝胶泡沫成膜的情况,试验固定 F3 型发泡剂质量浓度为 3‰不变,分别配制稠化剂和交联剂质量浓度均为 2‰、3‰、4‰、5‰和 6‰的溶液进行发泡,制备方法同第 2 章所述。试验制得的凝胶泡沫如图 4-1 所示。

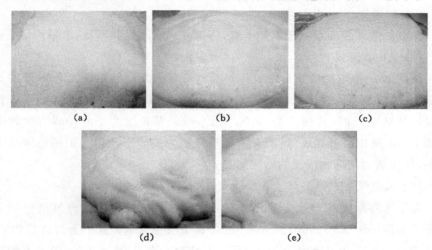

图 4-1　试验制备的不同稠化剂和交联剂质量浓度的凝胶泡沫

(a) 2‰;(b) 3‰;(c) 4‰;(d) 5‰;(e) 6‰

4.2.2 聚合物溶液制备

在洁净的试剂瓶中,按照表 4-2 所示的组分要求,以不同的比例分别配置出各种有机交联体系,搅拌均匀待用。

表 4-2　　　　　　　　　两种聚合物制备的交联体系

样品	稠化剂/(mg/L)	交联剂/(mg/L)
A	1 000	0
B	3 000	0

防治煤自燃的凝胶泡沫及特性研究

续表 4-2

样品	稠化剂/(mg/L)	交联剂/(mg/L)
C	1 000	1 000
D	1 000	3 000
E	3 000	1 000
F	3 000	3 000

4.2.3 物理性能测试

(1) 膜厚

在凝胶泡沫表面膜上任取三个点，用游标卡尺测量其厚度，取平均值。

(2) AFM 测试

使用 KW 型匀胶机分别将表 4-2 所示的有机交联体系涂至新解理的云母片上，微热成膜。整个试验均在常温常压下完成，应用 Nana Scope Ⅲa 扫描探针显微镜观测，其探针为 Si_3N_4 探针，微悬臂长度为 200 μm，力常数为 0.12 N/m，采用接触式成像，所有图像均在恒力模式下获得。扫描范围从大到小，依次达到聚合物成膜的结构形态。

(3) 水蒸气透过率测试

为了考察凝胶泡沫形成膜的密闭、封堵性能，试验采用水蒸气透过率来表征。参照 ASTM(1995b)的方法，称取 20 g 无水 $CaCl_2$ 置于上口直径为 46 mm、规格为 40 mL 的坩埚中，然后用膜片将整个坩埚密封起来，置于干燥器中，再在干燥器底部放一盛有饱和 NaCl 溶液的烧杯，于 25 ℃提供 75%的相对湿度。为确保溶液一直处于饱和状态，小烧杯中加入过量的 NaCl 固体，每 24 h 测一次坩埚的重量，至坩埚质量不再变化。试验重复三次。

水蒸气透过率按下式计算：

$$\varphi = \frac{W_2 - W_1}{N \cdot S} \tag{4-1}$$

式中 φ——水蒸气透过率，mg/(cm² · d)；

W_2——坩埚和无水 $CaCl_2$ 整体 N 天后质量，g；

W_1——坩埚和无水 $CaCl_2$ 整体起始质量，g；

N——天数，d；

S——密封膜的有效面积，cm²。

（4）膜吸水性测试

将预先制备的凝胶泡沫表面膜在常温下彻底干燥，然后制备成尺寸为 80 mm×80 mm 的膜片。将试样称重，放入盛有水的烧杯中，浸泡 2 h，如图 4-2 所示。取出试样，用吸水纸吸取表面残留水分后称重。

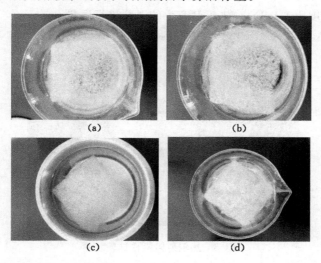

图 4-2　不同稠化剂和交联剂质量浓度的凝胶泡沫表面膜浸水试验

（a）3‰；（b）4‰；（c）5‰；（d）6‰

吸水倍数按下式计算：

$$n = \frac{W_2}{W_1} \tag{4-2}$$

式中　　n——吸水倍数；

　　　　W_2——吸水后膜片的质量，g；

　　　　W_1——膜片的起始质量，g。

（5）热辐射阻隔性测试

与传统泡沫不同，外部热辐射在通过凝胶泡沫表面的时候，由于表面膜的存在，使得辐射必须经历吸收、散射、反射等作用。因此，表面膜大大降低了被保护对象表面的热辐射强度，使得保护对象处于一个温度相对较低的状态。热辐射阻隔性直接影响了凝胶泡沫对可燃物的保护力度，因而是凝胶泡沫的重要特性之一[89]。试验采用如图 4-3 所示的装置进行测试，利用 DHT 型磁力搅拌控温电热套作为辐射热源，功率为 500 W，最高温度 400 ℃，由调压变压器控制电热套的输入电压,并由电压表显示其电压大小,从而保持稳定的辐射热量。与辐射热源同心且平行的位置固定一个铁环用来放置凝胶泡沫膜片,膜片尺寸为 20 cm×20 cm。铁环与电热套底部距离为 11 cm,铁环中心位置用另一个试样夹固定一个 6801 Ⅱ 型高精度温度数值表(量程 0～1 300 ℃,精度±0.1 ℃)对热辐射产生的温度进行测量。

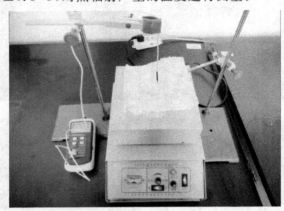

图 4-3　热辐射阻隔性试验装置

　　试验开始后,打开电源,调节变压器的输出电压至规定电压,使电热套具有恒定的热辐射功率,即具有恒定的辐射热量。先记录铁架台中心未放置凝胶泡沫膜片的温度一段时间(50 s),然后迅速将膜片放置于铁架台中心位置,持续记录温度一段时间(100 s),最后取出膜片。从试样放置开始到温度下降至最低值,其温度变化值的大小即表示热辐射阻隔性的优劣。

　　(6) 堵漏性测试

　　为了测定不同厚度凝胶泡沫表面薄膜的堵漏性能,试验自制了封堵压力测试装置,如图 4-4 所示。该测试装置主要由空气发生装置(一般用干空气瓶提供)、封堵压力测试管、U 形水柱计和乳胶管等组成。封堵压力测试管管长50 cm,直径 10 cm。将经凝胶泡沫处理后的碎煤颗粒(粒径 4～10 mm)放入封堵压力测试管中,待其表面完全成膜后,在测试管的进气端用乳胶管接经稳压阀控制的气体,同时不断调节稳压阀控制气体流量,通过进气端 U 形水柱计记录不同流量时的入口气压(p),在测试管出口处接另一 U 形水柱计测试经凝胶泡沫表面膜封堵后的压力(p'),进而研究进气端与出气端气体压力之间的关系,以此来分析凝胶泡沫表面膜的堵漏能力。

图 4-4 封堵压力测试装置

4.3 试验结果与讨论

4.3.1 成膜形态

常温常压下,将由稠化剂和交联剂质量浓度均为 2‰、3‰、4‰、5‰和 6‰制得的凝胶泡沫分别置于平坦的地面上,静置一段时间,所得凝胶泡沫成膜情况如图 4-5 和图 4-6 所示。

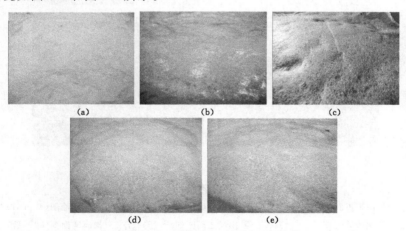

图 4-5 不同时间后不同稠化剂和交联剂质量浓度的凝胶泡沫

(a) 2‰(45 h);(b) 3‰(45 h);(c) 4‰(45 h);(d) 5‰(68 h);(e) 6‰(68 h)

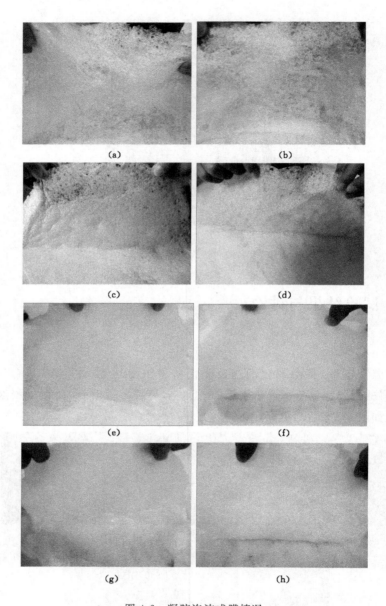

图 4-6 凝胶泡沫成膜情况

(a) 3‰揭膜正面图(45 h 后);(b) 3‰揭膜背面图(45 h 后);(c) 4‰揭膜正面图(45 h 后);

(d) 4‰揭膜背面图(45 h 后);(e) 5‰揭膜正面图(68 h 后);(f) 5‰揭膜背面图(68 h 后);

(g) 6‰揭膜正面图(68 h 后);(h) 6‰揭膜背面图(68 h 后)

由图 4-5 和图 4-6 可知,当聚合物质量浓度均为 2‰时,45 h 后,泡沫已经全部破灭,形不成凝胶泡沫。当聚合物质量浓度大于等于 3‰时,45～68 h 后,能够在泡沫表面凝结出一层致密的保护膜,且随着聚合物浓度的增加,凝胶泡沫的成膜强度逐渐增强。这是因为聚合物是膜的主要成分,随着其含量的增强,膜的致密性与连续性增加,膜就有良好的内部结构。另外,聚合物的相对含量升高,膜的含水量就相对减少,导致膜的黏弹性有所提高。

4.3.2 成膜厚度

凝胶泡沫的成膜厚度受诸多因素的影响,主要包括温度、气压、孔隙率等。试验是在常温常压下进行的,将生成的凝胶泡沫置于平坦的地面上静置 2～3 d 后,随机抽取 3 个点进行测量,结果如表 4-3 所示。

表 4-3　　　　　　　　　　　不同凝胶泡沫的成膜性能

浓度/‰	成膜厚度/mm				成膜时间/h	膜完整率/%	特点
	第一次	第二次	第三次	平均			
2	—	—	—	—	—	0	泡沫基本破灭、形不成完整膜
3	0.11	0.15	0.12	0.13	45	100	膜完整
4	0.40	0.20	0.18	0.26	45	100	膜完整
5	0.30	0.40	0.35	0.35	68	100	膜完整
6	0.45	0.50	0.40	0.45	68	100	膜完整

由表 4-3 可知,质量浓度均为 2‰的稠化剂和交联剂制备的凝胶泡沫稳定性较差,2 d 后已经全部破灭,形不成致密稳定的膜状结构。而质量浓度均为 3‰、4‰、5‰和 6‰的稠化剂和交联剂制得的凝胶泡沫成膜形态完整,且随着浓度的增加,膜的厚度显著增加(如 3‰制备的凝胶泡沫表面膜厚度仅为 0.13 mm,而 6‰制备的凝胶泡沫表面膜厚度高达 0.45 mm)。这是因为当聚合物质量浓度均为 2‰时,聚合物浓度较低,体系内没有足够的聚合物用来交联形成凝胶,故凝胶泡沫的稳定性较差,2 d 后泡沫已经全部破灭。然而,也不是聚合物浓度越高越好,这是因为当聚合物质量浓度过高时,溶液黏度过大,发泡倍数降低,形成的泡沫流动性亦差,导致凝胶泡沫成膜厚度不均匀。这也印证了当稠化剂和交联剂质量浓度均为 3‰时制得的凝胶泡沫性能最

佳,且制得的凝胶泡沫具有不影响其流动性的最高黏度。

4.3.3　聚合物比例对成膜的影响

　　要使凝胶泡沫表面膜能长时间覆盖在煤体表面隔绝氧气,不仅要求稠化剂和交联剂在室温下能聚合交联成膜,同时要求形成的膜表面要平整、光滑和致密。试验采用原子力显微镜,在 500 nm 的扫描范围内,对表 4-2 所示的 6 个样品的成膜样貌进行了观测,得到 AFM 三维图,如图 4-7 所示。

　　由图 4-7 可以看出,当聚合物溶液中仅含单一稠化剂时,形不成连续的表面膜状结构,在 AFM 图中仍保持分散的颗粒状,如图 4-7(a)和(b)所示。随着交联剂的加入,情况发生显著变化,聚合物分子链间的相互扩散逐渐形成连续相,只是由于比例、浓度不同,其具体的成膜形态有较大差异,有的表面凹凸不平、颗粒明显,有的表面平整光滑,如图 4-7(c)～(f)所示。将表 4-2 中不同样品的聚合物浓度与图 4-7 中显示的微观结构加以对比,可以看出,随着样品中稠化剂浓度的增大,膜表面变得比较平整,并且浓度越大,形成的膜越连续光滑。从图 4-7 中还可以看出,图 4-7(a)和(b)中未加入交联剂,由于缺少交联剂的交联作用,稠化剂分子间相互靠拢聚集时,不能发生交联融合,所以聚合物分子基本呈球形结构,形不成连续光滑的表面膜。可见交联剂的有无及浓度多少会对形成膜的结构至关重要。比如未加交联剂的 A 号样品和加入交联剂后的 C 号样品中稠化剂浓度完全相同,但图 4-7(a)和(c)表明两者的膜形态差异明显。又如 E 号样品和 F 号样品中,稠化剂质量浓度相同,只是后者中加入的交联剂的浓度高于前者,其膜的形态也有明显的区别,后者形成的膜致密均匀、结构规整,故膜性能优良,而前者则有些凹凸不平。由此得出,随着交联剂的加入,聚合物分子链间会发生交联反应而形成连续相;且当稠化剂和交联剂质量浓度均为 3‰时,形成的膜表面最为平滑。

4.3.4　膜水蒸气透过性能测试

　　膜水蒸气透过率的大小能直接影响到凝胶泡沫封堵性能的优劣,水蒸气透过率越低,膜封堵性能越好,隔绝氧气效果越佳,越有利于防治采空区煤炭自燃;反之,水蒸气透过率越高,表明膜的隔氧效果越差,对防治煤炭自燃越不利。试验采用 F3 型发泡剂质量浓度为 4‰、稠化剂和交联剂质量浓度均为 3‰制得的凝胶泡沫表面膜,测定不同时间膜水蒸气透过率,结果如表 4-4 所示。

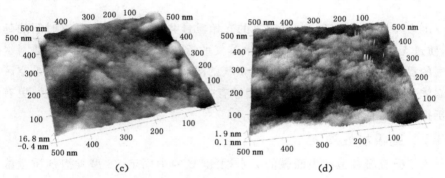

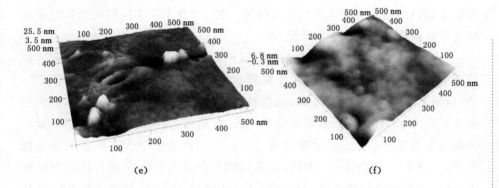

图 4-7 不同稠化剂和交联剂质量浓度的凝胶泡沫薄膜的 AFM 图
(a) 稠化剂 1‰；(b) 稠化剂 3‰；
(c) 稠化剂 1‰＋交联剂 1‰；(d) 稠化剂 1‰＋交联剂 3‰；
(e) 稠化剂 3‰＋交联剂 1‰；(f) 稠化剂 3‰＋交联剂 3‰

表 4-4   膜水蒸气透过率

时间/d	W_1/g	W_2/g	S/cm^2	φ/[mg/(cm^2·d)]
1		65.537		0
2		65.537		0
3		65.537		0
4	65.537	65.537	16.61	0
5		65.537		0
6		65.537		0
7		65.537		0

　　由表 4-4 知,坩埚和无水 $CaCl_2$ 的起始重量共为 65.537 g,随着时间的延长,质量无变化。这说明表面膜对水蒸气的透过率为零,能够很好地抑制水蒸气的浸入,保护无水 $CaCl_2$ 免受水蒸气的湿润。因此,凝胶泡沫注入采空区在煤体表面交联形成的致密薄膜,能够有效地隔绝氧气,避免煤氧接触,更有利于抑制煤炭自燃。

4.3.5　膜吸水性测试

　　为了研究凝胶泡沫表面膜的吸水性能,试验中固定 F3 型发泡剂质量浓度为 4‰和其他工艺条件不变的情况下,考察不同稠化剂和交联剂混合物质量浓度制得的凝胶泡沫表面膜吸水情况。图 4-8 显示了不同稠化剂和交联剂质量浓度制得的表面膜吸水性结果。

　　由图 4-8 可以看出,当稠化剂和交联剂质量浓度均为 3‰时,表面膜的原始质量仅为 0.106 g,而吸水后表面膜质量变为 6.775 g,吸水倍数近似 64 倍;当质量浓度均提高到 6‰时,表面膜的初始质量仅为 0.387 g,吸水后表面膜质量升为 25.945 g,吸水倍数为 67 倍。由此可见,凝胶泡沫表面膜的吸水倍数基本为 60~70 倍,吸水率显著。这是因为稠化剂中含有大量的羧基负离子(—COO$^-$)和羟基(—OH),均具有强烈的亲水性。在聚合反应的过程中,稠化剂表面的羧基负离子(—COO$^-$)和羟基(—OH)与交联剂反应使分子链彼此交联,但仍有大量羧基负离子(—COO$^-$)和羟基(—OH)埋藏在稠化剂网状结构的内部,所以当表面膜浸入水中时,能够吸收大量水分。因此,当凝胶泡沫注入采空区或高冒区后,表面膜能够吸收大量水分,长期有效地保持煤体湿润。

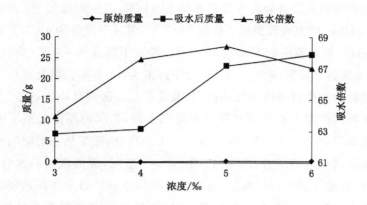

图 4-8　不同稠化剂和交联剂质量浓度对膜吸水率的影响

4.3.6　热辐射阻隔性测试

为研究不同稠化剂和交联剂质量浓度下形成的凝胶泡沫表面膜的热辐射阻隔效果,试验固定 F3 型发泡剂质量浓度为 4‰不变,分别制得稠化剂和交联剂质量浓度均为 3‰、4‰和 5‰的凝胶泡沫膜片(发泡倍数为 20 倍)。图 4-9 给出了试验装置上放置表面膜试样前后的温度变化值。

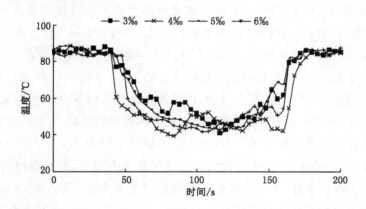

图 4-9　不同稠化剂和交联剂质量浓度下表面膜的热辐射阻隔性能测试结果

由图 4-9 可以看出,阻隔之前,温度基本维持在 85 ℃左右,而有了凝胶泡沫表面膜阻隔之后,温度骤然下降。质量浓度均为 3‰的稠化剂和交联剂制得的凝胶泡沫表面膜背面温度最低下降至 41 ℃,温度下降值为 47.2 ℃;质量浓度为 4‰时的表面膜最低下降至 39.7 ℃,温度下降值为 49.1 ℃;质量浓度为 5‰时的表面膜最低下降至 43.7 ℃,温度下降值为 45 ℃;质量浓度为 6‰时的表面膜最低下降至 42 ℃,温度下降值为 43.4 ℃。由此可见,各质量浓度下膜片的防热辐射性能几乎相同,温度变化也区别甚小。这是因为表面膜对热辐射的作用主要体现在反射和散热方面,与膜的厚度关系不大,故阻隔效果基本相同[90,91]。其次,膜中含有一定的水分,随着热辐射时间的增加,表面膜本身的温度不断升高,当温度达到某一值时,表面膜内的水分开始蒸发,这不仅带走了部分辐射热量,而且使表面膜本身的温度升高趋缓,从而使表面膜背面的温度保持在较低温度。因此,当凝胶泡沫覆盖在可燃物表面后,表面膜能够显著降低外界对可燃物的辐射,有效地阻碍其内部可燃物温度的上升,从而大大提高防灭火效率。

4.3.7　堵漏性测试

为了测定不同厚度凝胶泡沫表面膜的封堵漏风性能,试验固定 F3 型发泡剂质量浓度为 4‰不变,分别制备稠化剂和交联剂质量浓度均为 3‰、4‰和 5‰的凝胶泡沫。破碎并筛取粒径为 4～10 mm 的碎煤颗粒作为试验煤样,分别配置成:原始煤样(6.6 kg)、稠化剂和交联剂质量浓度均为 3‰、4‰和 5‰的凝胶泡沫混合煤样(凝胶泡沫 0.6 kg,碎煤颗粒 6 kg)。将不同试样分别装入封堵压力测试管中,如图 4-10 所示。静置 3 d 待其表面完全成膜,由 4.3.2 节知,此时各自表面膜平均厚度分别为 0.16 mm、0.26 mm 和 0.35 mm。此后接入测试装置,打开气源,逐步提高进气端的压力(p),与此同时记录测试管出口端的 U 形水柱计的压力(p'),即可得到不同气体压力条件下,凝胶泡沫表面膜的封堵漏风能力,测试结果如图 4-11 所示。

由图 4-11 可以看出,随着测试装置进气端压力增大,原始煤样测试装置出口端压力同步增加,即原始煤样的封堵漏风能力为零;而经 0.13 mm 凝胶泡沫表面膜封堵煤样直至进气端压力为 2 500 Pa、0.26 mm 表面膜至 3 600 Pa、0.35 mm 表面膜至 5 200 Pa 时,测试装置出口端压力仍然为零,且即使后续漏风,其漏风风压仍然比进气端压力要低。因此,从试验可以看出,凝胶泡沫能够充填采空区破碎煤岩体的孔隙或裂隙,并在其表面形成致密薄膜,具备隔绝煤氧结合的能力。

图 4-10　试样制备过程

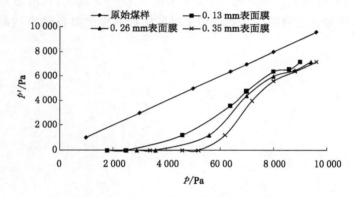

图 4-11　封堵测试压力变化趋势

4.4　本章小结

（1）研究了不同聚合物浓度对凝胶泡沫成膜过程以及成膜厚度的影响。结果表明，稠化剂和交联剂能够制备、形成具有表面膜的凝胶泡沫。随着聚合物质量浓度的增加，成膜厚度越来越大。

（2）考察了稠化剂和交联剂对凝胶泡沫成膜微观形态和性能的影响。结果发现，单一稠化剂和交联剂均不能形成致密表面膜，有且仅当稠化剂和交联剂共混使用时，才能形成致密表面膜，且当质量浓度均为 3‰时，制得的表面膜最为光滑平整。

（3）对凝胶泡沫表面膜的水蒸气透过性和吸水性进行了测试。结果表明，凝胶泡沫表面膜的阻水蒸气性能越好，表面膜的隔氧效果越佳，能有效抑制煤炭自燃。表面膜的吸水质量为自身质量的 60～70 倍，因此，当其注入采空区或高冒区内部后，表面膜能够吸收大量外界水分，长期保持煤体湿润，同样有效地抑制煤炭自燃。

（4）对凝胶泡沫表面膜的热辐射阻隔性能进行了测试。结果表明，凝胶泡沫表面膜能够显著降低外界对可燃物的辐射，使可燃物表面温度下降 40 ℃以上，大大抑制其内部可燃物温度的上升。

（5）采用试验自制的封堵压力测试装置对凝胶泡沫表面膜的堵漏性能进行了研究。结果表明，经凝胶泡沫表面膜封堵后的煤样测试装置出口压力较原始煤样的出口压力显著降低，承受风压在 2 500 Pa 以上，且随着表面膜厚度的提高，堵漏性能增加。由此说明了凝胶泡沫表面膜具备优良的封堵漏风能力。

5　凝胶泡沫防灭火性能研究

凝胶泡沫材料是在水中加入稠化剂和交联剂经过发泡剂发泡后,聚合物在泡沫液膜内发生一系列物理化学作用形成的一种类似凝胶的有着网状骨架结构的泡沫材料。为研究凝胶泡沫的防灭火性能,本章分别对其抗温性、抗烧性和凝结性进行测定,为凝胶泡沫的应用提供技术参数。

5.1　抗温性能试验研究

5.1.1　试验方法

为研究凝胶泡沫的抗温性能,试验采用如图 5-1 所示的装置进行测试。利用 DHT 型磁力搅拌控温电热套作为加热源,设定加热温度为 400 ℃不变;6801Ⅱ型高精度温度数值表实时监测凝胶泡沫体系的温度(最大量程 1 300 ℃,精度±0.1 ℃)。试验分别考察了不同稠化剂和交联剂质量浓度、不同发

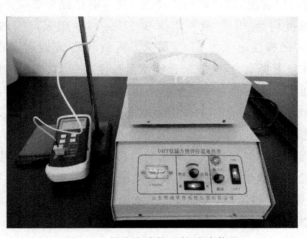

图 5-1　凝胶泡沫抗温性试验装置

泡倍数的凝胶泡沫抗温时间。

5.1.2　试验结果与讨论

1. 不同稠化剂和交联剂质量浓度抗温性能

为了研究不同质量浓度下凝胶泡沫抗温性能,试验固定 F3 型发泡剂质量浓度为 4‰不变,分别制备出稠化剂和交联剂质量浓度均为 3‰、4‰和 5‰的凝胶泡沫,发泡倍数为 20 倍。分别量取 350 mL 新鲜制备的凝胶泡沫于烧杯中,将烧杯置于电热套中加热,图 5-2 给出了不同聚合物质量浓度下凝胶泡沫抗温时间变化关系。

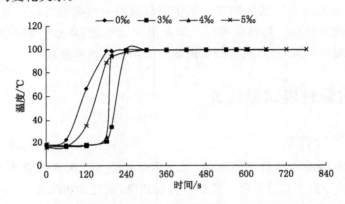

图 5-2　不同聚合物质量浓度下凝胶泡沫试样的抗温时间曲线

由图 5-2 可以看出,普通两相泡沫在 196 s 时已经全部破灭,而稠化剂和交联剂质量浓度均为 3‰的凝胶泡沫在 570 s 时才破灭,4‰的凝胶泡沫在604 s 破灭,5‰的凝胶泡沫在 780 s 破灭。由此可见,凝胶泡沫的抗温性能较普通两相泡沫显著提高,且随着聚合物质量浓度的提高,抗温时间显著增加。这是因为普通泡沫液膜的主要成分就是水,随着温度的提高,溶液膨胀,同时分子热运动加剧,导致分子间的作用力减弱,水化程度降低;且表面活性剂分子排列不紧密,溶液黏度下降,排液速率加快,泡沫稳定性降低,故抗温时间较短[92,93]。而凝胶泡沫中加入了稠化剂和交联剂后,分子间发生交联反应构成凝胶泡沫三维网状结构,游离水被有效地束缚在所形成的三维网状结构中,从而大大提高了稳定性,故凝胶泡沫抗温时间显著增长。

2. 不同发泡倍数抗温性能

为了考察不同发泡倍数时的凝胶泡沫抗温时间,试验固定 F3 型发泡剂质量浓度为 4‰、稠化剂和交联剂质量浓度均为 3‰不变,分别制得不同发泡倍数的凝胶泡沫。分别量取 350 mL 新鲜制备的凝胶泡沫于烧杯中,将烧杯置于电热套中加热,对比不同发泡倍数的抗温时间变化结果,如图 5-3 所示。

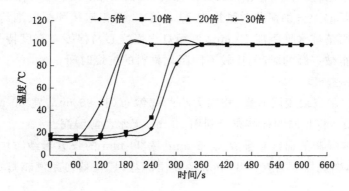

图 5-3　不同发泡倍数下凝胶泡沫试样的抗温时间曲线

由图 5-3 可以看到,当发泡倍数为 5 倍时,抗温时间为 620 s,而当发泡倍数升为 30 倍时,抗温时间降为 360 s,可见随着发泡倍数的提高,凝胶泡沫的抗温性能逐渐变差。这主要因为凝胶泡沫的破灭主要是由于液膜中水分在加热环境中吸收热量而蒸发,发泡倍数小有利于提高泡沫水分含量。因此,相同体积下较低发泡倍数的试样能够保存较长时间,对可燃物的防护时间也更长。然而并不是发泡倍数越小越有利于对可燃物的防护,因为发泡倍数对泡沫流动性具有一定的影响,发泡倍数太低的泡沫流动性很强,同时泡沫更容易变形和移动,这对可燃物尤其是中、高位可燃物的防治并不利。

5.2　抗烧性能试验研究

抗烧时间是指一定量的泡沫在规定面积的热辐射作用下,泡沫被破坏的时间。抗烧时间越长,泡沫抗烧性能越强;反之,抗烧性能越差。《泡沫灭火剂》(GB 15308—2006)中规定,抗烧时间采用直径为 2 400 mm 的燃烧盘进行测定。为了减少工艺流程及简化试验操作条件,本书采用实验室小型试验的方法,对抗烧时间进行了研究和测定。

5.2.1　试验方法

1. 测定方法

试验中,在浸有 10 g 无水乙醇的棉纱布(棉纱布长 90 mm、宽 60 mm,重量为 1.725 g)上分别覆盖质量均为 30 g 的水、两相泡沫和凝胶泡沫。其中,棉纱布与酒精灯水平距离 10 mm,酒精灯火焰焰心与棉纱布高度持平。通过记录棉纱布被点燃的时间,比较不同阻化材料的抗烧时间。

2. 试验步骤

(1)剪裁三块相同质量、相同大小的棉纱布(长 90 mm、宽 60 mm,质量为 1.725 g),将相同的棉纱布分别用 10 mL 无水乙醇湿润。

(2)将湿润的棉纱布叠成长 45 mm、宽 30 mm 的长方形纱布块,放进燃烧器皿中,燃烧器皿为直径 80 mm 的铁质圆盘,燃烧器皿距酒精灯火焰焰心 10 mm。

(3)分别量取 30 g 水、两相泡沫和凝胶泡沫覆盖在棉纱布上面,点燃酒精灯,记录棉纱布被点燃的时间,即为抗烧时间。

5.2.2　试验结果与讨论

室温 20 ℃ 条件下,分别对水、两相泡沫和凝胶泡沫的抗烧时间进行测定,结果如表 5-1 所示。

表 5-1　　　　　　　　　　　不同阻化剂与原材料抗烧时间比较

样品名称	无水乙醇	水	两相泡沫	凝胶泡沫
抗烧时间/min	2 s	25 min	56 min	347 min

由表 5-1 可以看出,浸有无水乙醇的棉纱布在无阻化材料覆盖的作用下 2 s 即被点燃,而被凝胶泡沫覆盖的棉纱布经过 347 min 才被点燃。由此得出,凝胶泡沫抗烧时间是不加阻化材料的 10 410 倍,水的 13.88 倍,两相泡沫的 6.20 倍。试验中还发现,两相泡沫在 23 min 时已经全部破灭,如图 5-4(a)所示,而凝胶泡沫直至被点燃也是紧靠酒精灯的局部区域破灭,其余区域仍致密地覆盖在纱布表面,如图 5-4(b)所示。这是因为凝胶泡沫中加入了稠化剂和交联剂,即使泡沫破灭了,也能将液体水凝结在胶体内形成一个三维有机整体,均匀覆盖在纱布表面,有效地隔绝氧气、阻挡热辐射,从而大大提高了抗烧性能。由此可见,较之两相泡沫,凝胶泡沫的阻火性能优势明显。

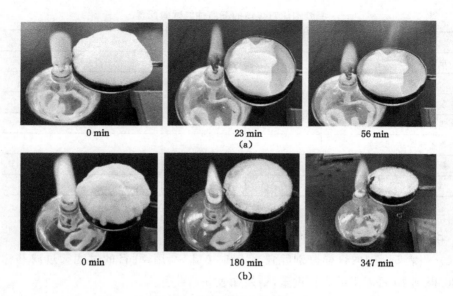

0 min   23 min   56 min
(a)

0 min   180 min   347 min
(b)

图 5-4 不同阻化材料抗烧试验
(a) 两相泡沫；(b) 凝胶泡沫

5.3 凝结封堵性能试验研究

由于凝胶泡沫具有较高的表观黏度,故当其注入采空区后,可表现出良好的凝结特性,能够使得采空区碎煤颗粒凝结成块,更进一步降低遗煤颗粒的表面积。遗煤孔隙的减少,能够有效阻止工作面的漏风给煤体供氧,降低采空区遗煤发生自燃的概率。

5.3.1 试验方法

试验选取内蒙古布尔台煤矿、陕西大佛寺煤矿、山东东滩煤矿、安徽钱营孜煤矿、河北赵各庄煤矿、河南新丰煤矿和山西凤凰山煤矿的不同煤种新鲜煤样进行测试。将煤样破碎后每个煤种分别筛分出 40～80 目的煤样 50 g,放入一次性杯中,量取 5 g 新配置的稠化剂和交联剂质量浓度均为 3‰的凝胶泡沫,倒入原始煤样中,混合均匀后,放在实验室常温常压下制成样品。各煤样和凝胶泡沫使用量如表 5-2 所示。

表 5-2　　　　　　　　凝胶泡沫对煤体的凝结性能试验配置

煤　种	原煤样质量/g	凝胶泡沫用量/g
布尔台煤矿长焰煤	50	5
大佛寺煤矿不黏煤	50	5
东滩煤矿气煤	50	5
钱营孜煤矿 1/3 焦煤	50	5
赵各庄煤矿肥煤	50	5
新丰煤矿贫煤	50	5
凤凰山煤矿无烟煤	50	5

5.3.2　试验结果与讨论

　　将表 5-2 中的煤样分别静置 1 d 和 10 d 后,用 40 目的过滤筛过滤并称重,得到 40 目以下的煤样重量,结果如表 5-3 所示。

表 5-3　　　　　　　　凝胶泡沫对煤体的凝结性能

煤　种	原始煤样质量/g	凝结煤样质量/g		凝结比重/%	
		1 d	10 d	1 d	10 d
布尔台煤矿长焰煤	50	28.5	6.7	57	13.4
大佛寺煤矿不黏煤	50	40.5	16.6	81	33.2
东滩煤矿气煤	50	44.0	16.4	88	32.8
钱营孜煤矿 1/3 焦煤	50	46.9	26.3	93.8	52.6
赵各庄煤矿肥煤	50	40.7	9.9	81.4	19.8
新丰煤矿贫煤	50	42.5	16.3	85	32.6
凤凰山煤矿无烟煤	50	31.6	16.4	63.2	32.8

　　由表 5-3 可以看出,经凝胶泡沫处理后,不同煤样颗粒均发生凝结,1 d 后凝结煤样占原始煤样的比重为 57%～93.8%,10 d 后凝结煤样仍占原始煤样的 13.4%～52.6%。由此可以看出,凝胶泡沫对于碎煤颗粒具有较强的凝结能力,使得碎煤颗粒与空气接触的比表面积大大降低;同时凝胶泡沫将遗煤凝结在一起,也增加了其对采空区堵漏风能力,从而更有利于预防采空区遗煤自燃的发生。

5.4 阻化煤炭性能试验研究

5.4.1 阻化机理分析

1. 分隔煤体,减少连续发热煤体体积

凝胶泡沫注入采空区、高冒区等松散的发热煤体后,可充填在裂隙和空隙中包裹煤体,把原先的连续发热煤体分隔成许多不连续的小块,每一个小块煤体都是一个独立的单元,其周围的凝胶泡沫温度较低,成为其散热环境,所以连续发热煤体体系的煤量减少了。每一个小块煤体放出的热量很少,能够很快地被周围凝胶泡沫吸收。因此,注入凝胶泡沫后原本大量的连续发热煤体被分割成小块,使连续发热煤体体积减小。

2. 堵塞漏风,降低氧气浓度

若煤与氧气接触充分,则煤氧化反应速率必然加快。对于采空区而言,大量浮煤是普遍存在的,因此必须采取措施阻碍煤氧结合,降低煤氧相互作用的机会,减少煤氧化反应的概率。凝胶泡沫中含有的稠化剂和交联剂恰恰是针对这种特性,封堵采空区漏风通道和煤体裂隙,包裹煤体,阻止氧气进入,隔绝煤氧结合,极大地降低了煤氧化反应中的煤与氧的浓度,从而大大降低了反应速率和放热速率,达到防治煤炭自燃的目的。

由凝胶泡沫的形成过程知,凝胶泡沫成胶前具有泡沫的性质,将其注入采空区后,对低、中、高位的浮煤均能覆盖和包裹。经过一定时间后,泡沫液膜中的稠化剂和交联剂发生化学反应,形成凝胶。成胶前,泡沫深入煤体的裂隙和微小孔隙中,成胶后堵塞这些裂隙和孔隙,使氧气无法渗透到煤体内部,隔绝了氧气和煤体的接触,因而阻化性能好。

此外,凝胶泡沫的气相成分是氮气,当其被封装在凝胶泡沫内注入采空区后,能够较长时间滞留在采空区,充分发挥氮气的窒息防灭火作用;当凝胶泡沫破灭后,氮气从泡沫体内涌出,也能长时间充斥在采空区,降低采空区内氧气浓度。一般制氮机产生氮气的浓度都高于98%,因此,持续注凝胶泡沫能有效地将采空区氧气浓度控制在5%以下,长时间地保持采空区的惰化状态,使煤的自燃因缺氧而窒息,从而抑制煤体自燃。

3. 吸热降温,降低煤的氧化活性

若煤与周围环境的温度升高,活化分子就会增加,煤氧分子的化学反应速率和放热速率就会加快。煤炭自燃的诱因之一是煤的自然氧化产生的热量聚集,使周围环境与煤体自身的温度上升。温度上升的速率既取决于反应产热量,又取决于周围环境的散热条件。在采空区一般仅存在漏风小通道,散热条件较差,易于形成热量积聚。当产热速率大于散热速率时,采空区内将迅速聚集大量热量,随即温度上升,煤氧化反应速度加快,同时产生更多的热量,造成恶性循环,直至引发煤炭自燃。

凝胶泡沫注入采空区具有吸热降温的特性,能快速地降低煤体与周围环境的温度,抑制煤体温度升高。由凝胶泡沫的组成成分知,其主体成分为水,占其总质量的90%以上,水的比热容约为 4 200 J/(kg·℃)[94,95],则每立方米水温度升高 10 ℃,就要吸收 $4.2×10^4$ kJ 的热量。因此,当凝胶泡沫覆盖高温煤体后,能够吸收大量的热量,从而使环境温度降低。此外,据相关研究得知,常温常压下,1 kg 100 ℃的水安全气化成水蒸气需要 2 258.77 kJ 的热量。

4. 减少煤体对氧气的物理吸附

煤氧复合的第一步是煤对氧产生物理吸附,产生物理吸附的作用力是分子间力,即范德华力。煤表面分子对气体的吸附通常不具备选择性,但吸附剂和吸附质的种类不同,使分子间的吸引力大小各异,吸附量也由此出现差异[96,97]。由于物理吸附的作用力较弱,所以解吸也较容易,且吸附速度较快,易于达到吸附平衡。随温度升高,分子内能增加,易于摆脱物理吸附力,故脱附速度加快。

固体表面上的质点受到固相内质点的拉力,所处力场不平衡,产生过多能量,这些不平衡力场使固体对气体产生吸附作用。物理吸附使固体表面的自由焓降低,暴露于空气中的煤体表面自动地吸附空气中的氧分子,放出与降低的表面自由焓相当的能量[98-100]。

当溶液发泡形成泡沫覆盖在煤体表面时,这些材料对煤体会产生湿润作用,即它们在与煤体接触时,其表面的自由焓降低。

当体系由气-固接触、气-液接触转变为固-液接触时,表面自由焓的变化为:

$$\Delta G = \sigma_{固-液} - \sigma_{气-固} - \sigma_{气-液} \tag{5-1}$$

式中,σ 表示表面张力。

当体系自由焓降低时,它向外做的功为:

$$W_a = W_{气\text{-}固} + W_{气\text{-}液} - W_{固\text{-}液} \qquad (5\text{-}2)$$

式中,W 表示黏附功。

凝胶泡沫对煤体接触的 $\Delta G < 0$ 或 $W_a > 0$。W_a 越大,体系越稳定,接触界面也越牢固。因此,凝胶泡沫能够自发地对煤体表面湿润,把气-固界面变成液-固界面,进而隔绝氧气,减少或阻止了煤对氧的物理吸附。

5. 润湿煤体,增加煤体的湿度

由于凝胶泡沫使用的发泡剂是由几种表面活性剂复配而成的,对煤的自燃有很好的阻化效果;同时发泡剂作为表面活性剂,可以改善煤体表面的润湿性能,从而能使煤吸收更多的水分,极大地增加煤体的湿度。当添加质量浓度为 4‰ 的发泡剂后,煤体吸收水的质量大约增加 4～6 倍。同时,含有发泡剂的水能在煤体表面形成一层水膜,隔断煤与氧气的结合。

5.4.2 阻化煤炭自燃试验

1. 试验过程

采用实验室自制的煤自燃测试系统进行阻化特性测试,如图 5-5 所示。该系统主要由程序控温炉、煤样罐、气体流量控制器和气相色谱仪等构成。在程序控温炉内对煤样罐内煤样采用程序升温方式升温,并通入氧气进行氧化试验。炉温初设为 30 ℃,升温速率为 1 ℃/min;氧气流量为 100 mL/min。利用计算机自动采集系统和色谱分析仪研究煤样升温速率随时间的变化规律以及在氧化升温过程中不同温度情况下释放指标气体(CO)的情况。

图 5-5 阻化特性测试系统

取保德煤矿气煤作为煤样,将新鲜煤样破碎并筛取粒径为 40～80 目的煤颗粒作为试验煤样,分别配置成原始煤样、加入质量浓度为 5％的普通两相泡沫煤样和加入质量浓度 1％的凝胶泡沫煤样。混合均匀后,室温下制成空气干燥样品(干燥 24 h)。随后将干燥煤样分别装入煤样罐内进行试验,每次精确量取 50 g。

2. 阻化特性参数

鉴定阻化材料的阻化特性,目前常采用阻化率进行表述。阻化率是指在 100 ℃时,经阻化剂处理前后煤样释放 CO 量的差值与原始煤样释放 CO 量的百分比[101,102],即

$$E = \frac{V_{原} - V_{阻}}{V_{原}} \times 100\% \qquad (5-3)$$

式中　E——阻化率,％;

　　　$V_{原}$——原始煤样在 100 ℃时放出的 CO 量,10^{-6};

　　　$V_{阻}$——阻化煤样在同样条件下放出的 CO 量,10^{-6}。

3. 结果分析

图 5-6 为不同阻化剂处理后的煤样,其氧化升温速率与时间的关系;凝胶泡沫处理后的煤样与原始煤样释放 CO 浓度的对比结果如图 5-7 所示。

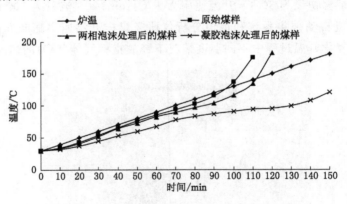

图 5-6　阻化煤体氧化升温速率与时间的关系

由图 5-6 可知,当温度低于 80 ℃时,阻化处理过的煤样与原始煤样的升温速率相差不大。这是因为当温度较低时,由于煤体和阻化剂中均含有一定比例的水分,在此阶段水分大量蒸发,其蒸发过程需吸收热量;此外当温度较

防治煤自燃的凝胶泡沫及特性研究

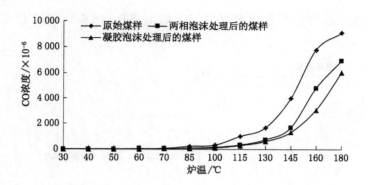

图 5-7　CO 浓度随炉温变化的关系

低时,煤体氧化速率慢,氧化放出的热量只能维持自身水分蒸发吸收的热量。因此,阻化煤样和原始煤样的升温速率比较接近。当温度高于 80 ℃时,凝胶泡沫处理后的煤样升温速率显著下降。这是由于在此阶段,煤体和阻化剂中的水分基本完全蒸发,水分对煤的阻化作用消失,因而煤体氧化放出的热量全部用来升高自身温度,因此,未加阻化剂的煤样迅速升温;而凝胶泡沫在煤体表面交联成膜状凝胶结构覆盖在煤体表面,隔绝煤体与氧气的接触,抑制了煤体表面自由基的反应,因此,阻化煤样升温速率显著降低。

　　由图 5-7 可以看出,在相同温度条件下,凝胶泡沫处理的煤样释放出来的 CO 浓度较原始煤样显著降低,其 100 ℃时释放的 CO 浓度仅为 0.000 098 8,而普通两相泡沫煤样释放的 CO 浓度为 0.000 151 1,原始煤样释放的 CO 浓度高达 0.000 315。由此可知,100 ℃时,凝胶泡沫的阻化率为 68.63%,而普通两相泡沫的阻化率仅为 51.03%。此外,由图 5-7 可以看出,在 100 ℃以后,如果释放大致相同浓度的 CO,凝胶泡沫处理的煤样比原始煤样所需的温度要提高 20~30 ℃。因此,凝胶泡沫阻化效果显著。

5.5　凝胶泡沫扑灭煤堆火的试验研究

5.5.1　试验方法

1. 试验装置

　　为了研究凝胶泡沫扑灭煤堆火的效果,点燃一堆煤炭并进行灭火试验。试验平台如图 5-8 所示,共使用煤炭质量 105 kg,煤堆直径 1.3 m,高度0.3

m。凝胶泡沫通过管路连接到煤堆正上面的喷头,喷头距煤堆上方高度为1 m。

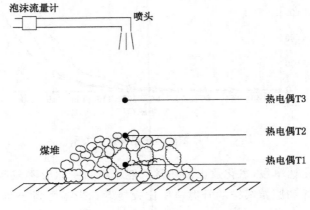

图 5-8　凝胶泡沫灭火试验平台

2．测量方法

采用 6801Ⅱ型高精度温度数值表测量煤堆内及其不同位置处的温度,现场布置如图 5-9 所示,热电偶直径 5 mm,测量最大温度 1 300 ℃,精度±0.1 ℃。在煤堆内部(T1)、煤堆表面(T2)以及垂直于煤堆上方10 cm 位置(T3)等处各放置一根热电偶,每隔 10 s 记录一次热电偶采集到的温度。

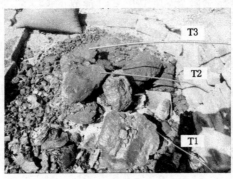

图 5-9　试验布置图

采用秒表记录灭火时间,同时利用数码摄像机(DV)实时拍摄,至温度计温度降至室温时停止记录,所得时间即为灭火时间。

3. 试验工况

试验中若未提及凝胶泡沫质量配比,均采用 F3 型发泡剂质量浓度为 4‰、稠化剂和交联剂质量浓度均为 3‰制备成的凝胶泡沫,发泡倍数为 20 倍。固定喷头高度在煤堆上方 1 m,流量为 0.05 m³/min。

5.5.2 试验结果与分析

1. 与普通泡沫灭火效果对比

为了考察凝胶泡沫灭煤堆火的效果,试验堆置同样大小的两堆煤炭并引燃,然后采用普通泡沫和凝胶泡沫分别对其扑灭,结果如图 5-10 所示。

由图 5-10 可以看出,采用普通泡沫和凝胶泡沫扑灭煤堆火灾时,均能将其扑灭,但使用的泡沫体积量和灭火时间却相差较大。普通泡沫使用体积为 425 L,灭火时间为 34 min;而凝胶泡沫使用体积仅为 49.2 L,灭火时间为 940 s。其次,试验中发现当普通泡沫注到高温煤体表面时,迅速破灭;而凝胶泡沫由于具有较强的抗温性,覆盖在煤体表面的时间显著延长。此外,即使煤堆火全部扑灭后,普通泡沫覆盖在煤体表面 20 min 基本全部破灭,而凝胶泡沫 1 d 后仍能致密地覆盖在煤体表面。由于天气高温干燥,3 d 后凝胶泡沫液膜中的水分被蒸发,但其在煤堆表面交联形成的致密薄膜仍能继续存在,持续永久地隔绝氧气。因此,凝胶泡沫较普通泡沫的灭煤火效率大大提高。

2. 温度场变化

图 5-11 为灭火过程中煤堆周围温度变化曲线。当煤炭被点燃后,随着燃烧时间的延长,热释放速率增大,温度迅速升高,达到稳定燃烧状态,T1、T2 和 T3 各自温度基本维持在 830 ℃、400 ℃和 330 ℃左右。当释放凝胶泡沫后,凝胶泡沫作用于煤堆表面,随着凝胶泡沫的增多,逐渐熄灭煤堆表面火焰,T2 和 T3 温度迅速下降,但 T1 温度下降缓慢。这是由于煤堆火属于立体燃烧状态,表面火焰虽然得到抑制,火焰温度降低,但是煤堆内部燃烧仍然在以微弱的态势持续着。随着凝胶泡沫继续释放,凝胶泡沫顺着煤堆缝隙逐渐渗入并对内部煤炭继续作用,进一步抑制、熄灭内部燃烧区域,使温度逐渐降低。随着凝胶泡沫的进一步释放,煤堆内部燃烧进一步得到抑制,同时凝胶泡沫对整个煤堆进行了包裹,阻碍了煤氧接触,最终在 940 s 的时候可燃物整体得到熄灭。

3. 聚合物质量浓度对灭火有效性的影响

为研究稠化剂和交联剂复合溶液质量浓度对凝胶泡沫扑灭煤堆火有效

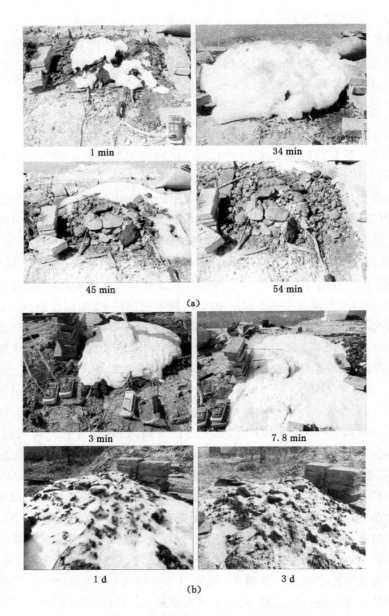

图 5-10　普通泡沫与凝胶泡沫灭煤火对比效果图

（a）普通泡沫；（b）凝胶泡沫

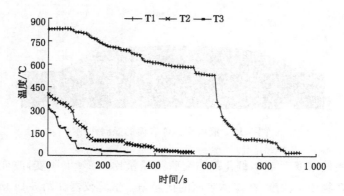

图 5-11　火场温度变化曲线

性的影响,试验中固定 F3 型发泡剂质量浓度为 4‰,稠化剂和交联剂按质量
比 1∶1 不变,调节稠化剂和交联剂复合溶液质量浓度分别为 0、4‰、6‰和
8‰,考察聚合物溶液质量浓度对灭火有效性的影响,结果如图 5-12 所示。

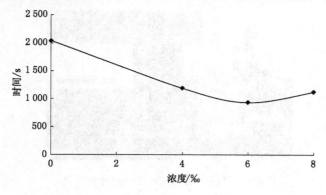

图 5-12　聚合物质量浓度对灭火时间的影响

　　由图 5-12 可以看出,在聚合物溶液质量浓度小于 6‰时,灭火时间随着
溶液质量浓度的提高而缩短;当质量浓度大于 6‰时,灭火时间随着质量浓度
的提高而延长;6‰基本是灭火最有效的质量浓度。这是因为在灭火过程中,
凝胶泡沫原液在固体表面的湿润作用有着重要影响:液体与固体的接触面总
是会呈现一定的角度(接触角 θ),由杨氏方程知,这个接触角 θ 越小则湿润性
越好,越能将液体浸入固体内部[103-105]。如图 5-13 所示。
　　表 5-4 为在适当的聚合物浓度范围内,不同浓度的凝胶泡沫原液(固定 F3

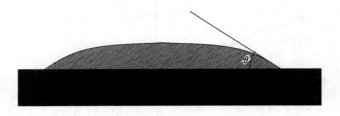

图 5-13　液体在固体表面的湿润作用

型发泡剂质量浓度为 4‰,稠化剂和交联剂质量比为 1∶1 不变,改变稠化剂和交联剂混合物质量浓度)在煤体表面的接触角。试验仪器如图 5-14 所示。

表 5-4　　　　　　不同浓度凝胶泡沫原液在煤体表面的接触角

浓度/‰	水	0	4	6	8
接触角 θ/(°)	73.36	49.61	46.85	43.82	39.96

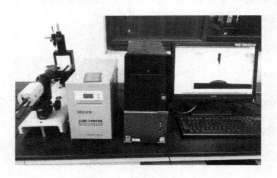

图 5-14　HARKE-SPCA 型接触角测定仪

由表 5-4 可以看出,随着凝胶泡沫原液质量浓度的增大,接触角 θ 减小,即湿润效果变好。凝胶泡沫与煤炭接触的过程中,通过湿润作用让水分渗透进入可燃物内部,起到降温灭火作用,同时进一步增加可燃物的湿度,增加煤炭的燃烧难度,因此,随着浓度的增加,凝胶泡沫灭火时间呈缩短的趋势。另一方面,起湿润作用的水分主要来源于凝胶泡沫液膜中的水分,而浓度增大时,凝胶泡沫的黏度也会增加,虽然凝胶泡沫更为稳定,增加了其防灭火能力,但在灭火过程中,凝胶泡沫渗透过慢则相应减少了单位时间内作用于可燃物的水分量,反而降低了灭火的效率。因此,当聚合物质量浓度大于 6‰

时,灭火时间随着浓度的增加而呈现延长的趋势。相比之下,当稠化剂和交联剂质量浓度均为3‰时(聚合物浓度为6‰),灭火效率最高,同时配制的凝胶泡沫具有良好的流动性、成胶性和辐射保护能力。

4. 发泡倍数对灭火有效性的影响

为研究凝胶泡沫发泡倍数对灭火有效性的影响,试验中固定 F3 型发泡剂质量浓度为4‰,稠化剂和交联剂质量浓度均为3‰不变进行发泡。图 5-15 为不同发泡倍数对灭火时间的影响。

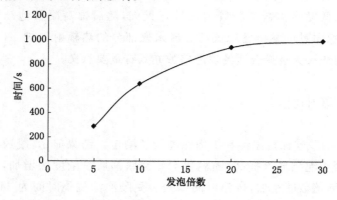

图 5-15　发泡倍数对灭火时间的影响

由图 5-15 可以看出,发泡倍数为 5 倍时,灭火时间最短;而继续增大发泡倍数,灭火时间逐渐增加;超过 20 倍以后,灭火时间基本保持不变。这是因为在灭煤火的过程中,发泡倍数为 5 倍的凝胶泡沫溶液对可燃物的湿润作用较为关键,而当发泡倍数较高,即气-液比较大时,产生的凝胶泡沫虽然更为稳定,但单位体积内液体减少,进而单位时间内析出的用于湿润可燃物的液体量就相对降低。因此,发泡倍数增大,凝胶泡沫在灭火能力方面反而有所降低。同时,发泡倍数提高后,凝胶泡沫密度下降,即泡沫变得更轻,当火灾燃烧比较猛烈时产生的火羽流会将部分泡沫吹出火焰区域,从而无法起到灭火作用;另一方面,煤炭火具有立体燃烧的特点,表面的凝胶泡沫虽然对可燃物进行了扑灭和遮挡,阻止了可燃物和氧气的接触,防止其复燃,但其内部的煤炭却没有受到太大影响,仍然保持阴燃状态,而之后覆盖的凝胶泡沫也无法有效地作用于内部的燃烧区域,只在可燃物表面产生了堆积现象。实际上内部燃烧区域煤炭的抑制和熄灭主要还是靠这些堆积的泡沫从裂缝缓慢渗入、延伸到内部空间,对内部区域进行湿润,产生抑制和熄灭效果,或者从可燃物侧面流下,包裹整个可燃物,阻挡氧气的供给,达到灭火的目的。这个过程与凝胶泡沫的流动性是具有一定关系的,而高倍数凝胶泡沫通常稳定性高、流动性弱,因此最终体现出随发泡倍数增加灭火时间延长的趋势。然而这不能说凝胶泡沫在实际应用中发泡倍数越低对灭火越有利,因为凝胶泡沫稳定性上升对可燃物的保护毕竟是有利的,过高流动性的泡沫水分保存时间相应缩短,热辐射保护能力降低,防复燃能力也随之下降。因此,在实际应用中,应该先采用较低发泡倍数的凝胶泡沫进行灭火,随后提高凝胶泡沫的发泡倍数,进一步稳固对可燃物已熄灭部分或未燃部分的热辐射保护。由此可见,采用凝胶泡沫灭火选择合适的发泡倍数亦具有重要意义。

5.6　本章小结

(1) 对凝胶泡沫抗温性和抗烧性进行了测定。结果显示,凝胶泡沫抗温性较普通两相泡沫显著提高,随稠化剂和交联剂质量浓度的增加,抗温时间延长;随发泡倍数的增加,抗温时间缩短。凝胶泡沫抗烧时间为 347 min,是水的 13.88 倍、两相泡沫的 6.20 倍。

(2) 通过对凝胶泡沫于细碎煤粒的凝结封堵能力测试,发现凝胶泡沫对煤粒具有一定的胶结能力,1 d 后凝结煤样占原始煤样的 57%～93.8%,10 d 后凝结煤样仍占 13.4%～52.6%。由此可见,凝胶泡沫能够凝结松散煤体,堵塞漏风通道,有效地降低浮煤自燃的可能性。

(3) 利用煤自燃特性测试仪研究了凝胶泡沫阻化煤炭自燃的特性。研究表明凝胶泡沫具有良好的阻化效果,能有效地减缓煤的氧化放热速率,抑制煤温升高和 CO 的释放。试验表明,要释放大致相同浓度的 CO,加入质量浓度 1% 的凝胶泡沫的煤样比原始煤样要提高 20～30 ℃,且经计算 100 ℃ 时其阻化率高达 68.63%。

(4) 对凝胶泡沫扑灭煤堆火有效性进行了试验研究。结果表明,凝胶泡沫较普通泡沫的灭火效率大大提高;扑灭相同大小的煤火,体积使用量仅为普通泡沫的九分之一,灭火时间不到普通泡沫的一半。当复合溶液质量浓度为 6‰ 时,灭火效率最高;当发泡倍数为 5 倍时,灭火时间最短,发泡倍数超过 20 倍时之后灭火时间基本不变。

6 凝胶泡沫防治新集二矿煤自燃的应用研究

凝胶泡沫作为一种新型高效的防灭火材料,兼有注凝胶、注泡沫和注氮气的优点,又克服了其他防灭火材料的不足,具有广泛的适用性。对一般采空区煤炭自燃、高冒区防灭火以及封堵采空区漏风通道等效果都相当显著。凝胶泡沫材料安全、环保、价格低廉,应用前景十分广阔。凝胶泡沫材料已经在新集二矿成功地抑制了多起矿井火灾事故的发生,取得了良好的经济效益和社会效益。

6.1 防治 111300 工作面采空区煤自燃

6.1.1 矿井及工作面概况

新集二矿为国投新集能源股份有限公司(现为中煤新集能源股份有限公司)下属现代化大型矿井之一,位于安徽省淮南市,井田东西走向最长约 6 km,南北倾向最宽约 5 km,面积约 22 km²。规划煤炭地质储量 5.33 亿 t,可采储量 1.932 亿 t。矿井于 1993 年 7 月开工建设,1996 年 10 月投产。设计生产能力 150 万 t/a,改扩建后设计生产能力 300 万 t/a;2007 年,经淮南矿业集团核定、安徽省批准,矿井核定生产能力为 290 万 t/a。

矿井通风方式为中央并列式,主井、副井进风,中央风井回风,安设 GAF28-14-1 型主要通风机 2 台,配套电机 2 500 kW,1 台运转,1 台备用。主井进风能力为 117.8 m³/s,副井进风能力为 226.1 m³/s,总进风能力为 343.9 m³/s;中央风井回风能力为 423.9 m³/s。矿井各开采煤层均具有自燃倾向性,其中 13-1 煤层为松软厚煤层,煤层具有低温氧化特性,属自然发火煤层,自然发火期最短 20 d,自燃倾向等级为 I 级。矿井自投产以来,有 2 个 13-1 煤层采煤工作面因自然发火事故而被迫封闭。新集二矿采用过多种防灭火技术和手段,虽然取得了一定的效果,但仍然面临自然发火的威胁。该

防治煤自燃的凝胶泡沫及特性研究

矿在使用常规防灭火技术和手段的同时,积极利用新技术、新材料防治煤炭自燃,如在111300采煤工作面积极利用凝胶泡沫新材料来防治煤炭的自燃。

111300采煤工作面位于1113采区,上限标高−322.7 m,下限标高−346.2 m;西起北0402孔、北0502孔、13-1煤层保护煤柱线;东至06勘探线向东约73 m;南为13-1煤层未动采区;北距111302采空区(2012年回采完)约7.7 m;下覆80 m左右为11-2煤层111104工作面(2003年回采完)。该工作面煤层走向长度为1 164 m,可采走向长度为493.4 m,倾向长度为127.4 m,煤厚1.0~11.8 m,平均6.9 m,最大倾角21°,平均倾角10°,如图6-1所示。该工作面采用U形通风,悬移支架放顶煤后退式开采,采空区遗煤存在氧化蓄热条件,且施工过程中巷道曾出现多处高冒区。该工作面自2012年5月开始开采,当推进70 m时,工作面上部煤层厚度发生变化,达5 m以上,采空区内留有大量浮煤,加上工作面推进速度较慢,在9月15日,工作面上隅角出现CO气体,浓度在24×10^{-6},温度在39 ℃。进入9月下旬,回风隅角温度继续上升,达43~50 ℃,CO浓度在$(24 \sim 30) \times 10^{-6}$,采空区可能有高温自燃隐患点,随之矿井采取灌浆防灭火措施。从10月1日开始,CO浓度继续上升,为100×10^{-6},温度为49 ℃,采空区有煤炭自燃趋势。针对上述情况,新集二矿分析认为注入采空区的浆体可能沿裂隙流失,触及不到火源点以及对高位火源点起不到覆盖作用,甚至造成"拉沟"现象,加大漏风隐患,防治效果不理想。因此,新集二矿决定采取注凝胶泡沫替代注浆灭火工艺。

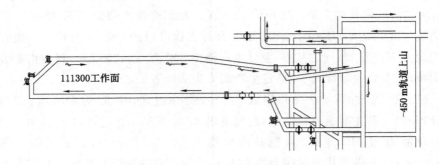

图6-1 111300采煤工作面布置图

6.1.2 发火原因分析

(1)煤层厚度突然变大,采空区遗煤增多;

（2）111300 采煤工作面回采速度较慢，每天平均推进度为 0.8 m；

（3）矿井主要通风机能力较大，存在漏风，使 111300 采煤工作面供氧充足；

（4）煤层倾角较大，最大 21°，对回采有一定的影响。

6.1.3 凝胶泡沫制备工艺及技术指标

1. 工艺设计

根据实验室研制及注浆管路铺设情况，分析注凝胶泡沫所用 F3 型发泡剂、稠化剂和交联剂的最佳配比为：F3 型发泡剂：稠化剂：交联剂：水 = 4：3：3：990，成胶时间为 20 min。

（1）制备流程

依托新集二矿现有注浆和注三相泡沫系统，在地面制浆池中直接添加稠化剂和交联剂并搅拌均匀，将制成的浆液通过三相泡沫发泡器直接发泡制成凝胶泡沫，最后将生产的凝胶泡沫通过预埋管路（直径为 108 mm）灌注入采空区，工艺流程如图 6-2 所示。

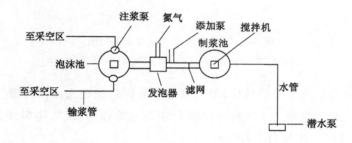

图 6-2 凝胶泡沫工艺流程图

发泡系统包括：液体搅拌机 2 台，功率 1.5 kW；注浆泵 2 台（1 台备用），功率 3.0 kW，防爆；抽水泵 1 台，功率 4.0 kW，防爆。试验用的主要设备如图 6-3 所示。

（2）制备聚合物溶液

在地面制浆站，将采购自河南扩源化工产品有限公司的稠化剂和交联剂按设定质量比与水直接混合，通过搅拌机搅拌形成均匀的混合溶液。每池浆液 5 t，需要 F3 型发泡剂、稠化剂和交联剂分别为 20 kg、15 kg 和 15 kg。

（3）气源

图 6-3　试验用发泡系统设备实物图

(a) 搅拌机；(b) 搅拌叶片；(c) 制氮机；(d) 注浆泵

　　针对采空区煤炭自燃特性，采用氮气作为制备凝胶泡沫的气源。制氮机产生的氮气通过直径为 108 mm 的钢管和发泡器相连，氮气出口压力为 0.3 MPa，纯度 99%，产量为 1 200 m³/h。

　　现场制备的凝胶泡沫如图 6-4 所示。

图 6-4　凝胶泡沫

2. 主要技术指标

凝胶泡沫是在三相泡沫的基础上研制出来的新型防灭火材料,其发泡工艺和三相泡沫完全一致。主要技术参数如下:

(1) 发泡倍数＞10 倍;

(2) 使用温度≥5 ℃;

(3) 静置状态,凝胶时间 20 min;

(4) 耗浆量 20 m³/h;

(5) 制氮机气量≥600 m³/h,出口压力 0.3 MPa;

(6) 凝胶泡沫产生量 400 m³/h;

(7) F3 型发泡剂、稠化剂和交联剂使用比例为 4∶3∶3;

(8) 覆盖效果好,性能优良,与煤(岩)体之间具有良好的湿润性、附着性和凝结封堵性;

(9) 凝胶泡沫材料为不燃性材料制成,具有优良的防灭火性能,达到《煤矿安全规程》要求。

6.1.4　灌注管路路线

灌注管路路线为:地面灌浆站→灌浆通道→－450 m 风井→－450 m 进风石门→联巷→13-1 煤回风石门→111306 下机巷外段→13-1 煤运输上山→13-1 煤回风上山→13-1 煤运输上山→111300 风巷→111300 工作面回风隅角挡墙内。111300 采煤工作面注凝胶泡沫路线如图 6-5 所示。

6.1.5　应用效果

凝胶泡沫从 10 月 13 日中班开始灌注,到 10 月 20 日停止,共连续灌注 8 d,消耗水 2 500 t,发泡剂 100 kg,稠化剂和交联剂各 75 kg。现场灌注管路如图 6-6 所示。采用凝胶泡沫防治 111300 采煤工作面采空区的火源点后,采煤工作面上隅角气体及温度的变化情况如图 6-7 所示。

从图 6-7 可以看出,当从 10 月 13 日开始灌注凝胶泡沫后,采空区高温火源点得到了抑制,回风隅角 CO 浓度和温度显著下降。因此,凝胶泡沫起到了很好的灭火效果,有效地克服了注浆出现的一系列问题,使 111300 采煤工作面能够顺利安全地开采剩余的煤炭。由此表明,凝胶泡沫防灭火技术在新集二矿 111300 采煤工作面取得了明显的应用效果。

防治煤自燃的凝胶泡沫及特性研究

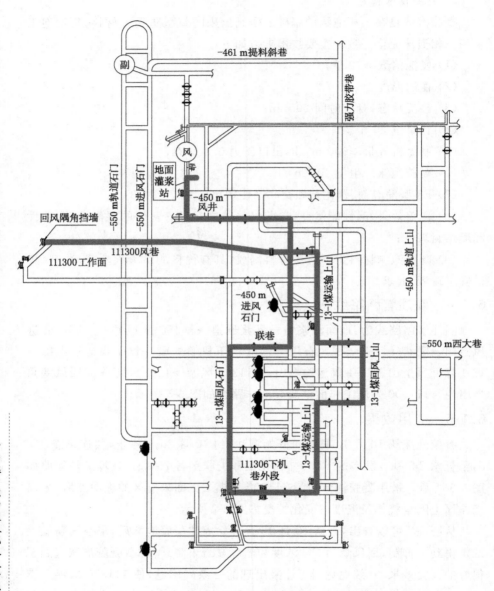

图 6-5　111300 采煤工作面注凝胶泡沫路线图

图 6-6　采空区埋管灌注凝胶泡沫图

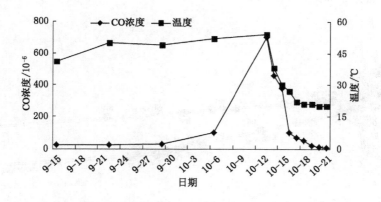

图 6-7　采煤工作面回风隅角 CO 浓度及温度变化情况

6.2　131309 工作面巷道高冒区应用

新集二矿目前在防治高冒区火灾时常采用打钻注浆、注凝胶等常规防灭火方法,该方法虽然取得了一定的效果,但效果较差,高冒区的高温煤经过打钻注浆、注凝胶后,3~5 d 煤温又会重新升高,个别高冒区的高温煤体还会发展为明火。因此,必须注入一种能够较长时间覆盖和保存在高冒区内部的防灭火材料,这样才能彻底防治高冒区遗煤的自燃。

防治煤自燃的凝胶泡沫及特性研究

6.2.1　工作面概况

新集二矿 131309 采煤工作面煤厚 4.5～10.3 m,平均 7.5 m,倾角 15°～40°,平均 26°,采用Ⅱ型钢梁放顶煤工艺施工,全部垮落法管理顶板。该采煤工作面回风巷长 739 m,进风巷长 723 m,梯形断面,底净宽 4.1 m,上净宽 3.1 m,巷高 2.4 m,净断面为 8.64 m²,采用梯形钢支护。根据地质资料分析,该采煤工作面掘进期间会遇到 3 条较大断层,断层落差 3 m,附近次生小断层较发育,同时由于煤层埋藏深、地压大,造成裂隙发育,煤层松软。作为炮采放顶煤工作面,巷道沿底板施工,顶板煤层松散易冒落,容易形成高冒区。当进、回风巷施工完毕后,共形成 33 处高冒区(其中进风巷 15 处,回风巷 18 处),高度为 3～7 m,自然发火危险性高。131309 采煤工作面进、回风巷高冒点分布如图 6-8 所示。

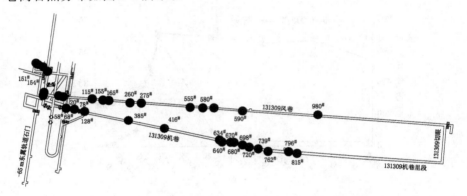

图 6-8　131309 采煤工作面进、回风巷高冒点分布图

6.2.2　工艺流程

由于凝胶泡沫具有一定的流动性,当高冒区的裂隙较大时,注入高冒区的凝胶泡沫容易泄漏,为此需对高冒区进行喷浆,防止凝胶泡沫泄漏。在喷浆前应对高冒区的浮煤及时清理,尽量减少高冒区内可燃物,使巷道高冒区暴露到实体煤后再对高冒区进行喷浆。

喷浆前,在巷道入风处对高冒区打钻,钻孔数为 2 个,钻孔间距 2 m,钻孔打到浮煤上方刚到实体煤的地方,钻孔下直径为 50 mm 套管到终孔位置,用聚氨酯封孔,封孔深度为 2 m,将套管通过变接与注浆装置相连。为了考察各种防灭火材料的防治效果,在高冒区回风侧插入一根直径 25 mm 钢管,钢管顶端也位于实体煤的位置,通过钢管采集高冒区内气体进行分析。考虑到高冒点的特殊性,将稠化剂和交联剂质量浓度均提高到 5‰,F3 型发泡剂质量浓度不变。凝胶泡沫制备工艺同 6.1 节,凝胶泡沫流量为 15 m³/h。注凝胶泡沫管路布置图和钻孔基本参数如图 6-9 和表 6-1 所示。

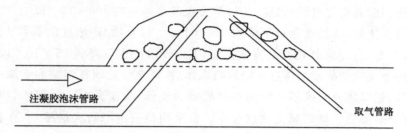

注凝胶泡沫管路

取气管路

图 6-9　注凝胶泡沫管路布置示意图

表 6-1　　　　　　　　　　　高冒区注凝胶泡沫钻孔参数

注凝胶泡沫钻孔编号	钻孔直径/mm	钻孔长度/m	钻孔角度/(°)
1	50	6～7	60～70
2	50	6～7	60～70

6.2.3　效果考察

　　2013 年 12 月,新集二矿开始对高冒区采取防灭火措施,为了研究凝胶泡沫和普通黄泥浆液对高冒区的防灭火效果,在 131309 工作面进、回风巷各取 2 个高冒区进行对比分析。凝胶泡沫注入高冒区后,凝胶泡沫附着在高温煤炭上,迅速降低了高温煤炭的温度;凝胶泡沫不仅能充填高冒区,而且能渗透到高冒区周围松动圈的裂隙中,具有很好的堵漏降氧作用。表6-2为高冒区

表 6-2　　　　　注凝胶泡沫和黄泥浆液前后气体体积分数变化表

编号	注前		注黄泥浆液后		注凝胶泡沫后	
	$O_2/\%$	$CO/\times10^{-6}$	$O_2/\%$	$CO/\times10^{-6}$	$O_2/\%$	$CO/\times10^{-6}$
680	20.18	145	15.48	186	7.52	23
698	18.38	277	13.14	107	6.46	25
115	20.39	104	12.01	110	7.58	16
490	16.92	110	14.36	120	7.09	19

注凝胶泡沫和黄泥浆液前后 O_2 和 CO 的体积分数变化表(注凝胶泡沫和黄泥浆液完毕后 24 h 取气样分析)。

　　由表 6-2 可以看出,高冒区经注浆后 O_2 和 CO 浓度确有一定下降,但 24 h 后取气样再次分析发现,高冒区 O_2 浓度又恢复到 12% 左右。因此,高冒区的浮煤仍然有氧化自燃的危险,CO 浓度也基本维持在 $100×10^{-6}$ 以上。当注入凝胶泡沫后, O_2 浓度迅速下降到 8% 以下,且 24 h 后 O_2 浓度也基本维持在 8% 以下不变,浮煤氧化得到有效抑制,其 CO 浓度也下降到 $25×10^{-6}$ 以下。这是由于充填的凝胶泡沫进入松散的煤体后,可充分充填在裂隙和空隙中包裹煤体,把煤体分割成不连续的小块后融为整体,从而大大减少煤体与氧的接触面积,降低了煤的氧化放热速率。自采用凝胶泡沫防火措施后,在整个工作面回采期间(9 个月),高冒区再也没出现过高温,大大提高了矿井的生产安全和经济效益。

6.3　210813 工作面封堵漏风应用

　　降低漏风量是防治采空区煤炭自燃的主要措施之一。由公式 $H_f = R_f Q^2$ 可知,减少漏风量 Q 的方法可以有降低摩擦阻力 H_f 或增加摩擦风阻 R_f,但是降低 H_f 的方法在矿井通风系统中一般较难实现,只能采用增加 R_f 的方法,即增加漏风通道的气密性。

6.3.1　工作面概况

　　210813 采煤工作面位于矿井二水平 $-550 \sim -650$ m 中央采区西翼,南为 110811 采煤工作面采空区,北为 210815 未动采煤工作面。该采煤工作面走向长 920 m,倾向长 145 m,平均采高为 3.2 m,平均倾角为 28°,风量为 800 m³/min,工作面东高西低,向里呈下降趋势。根据中国矿业大学对 210813 采煤工作面采空区"三带"的观测结果,得出该采煤工作面氧化带宽度为 35~80 m,即距工作面 0~35 m 以内漏风较大,35~80 m 范围内漏风较小,80 m 以外漏风很小。因此,采空区遗煤需 80 m 才进入窒息带,自燃带宽度大,表明采空区漏风严重,对这样的采空区实施注浆或注氮气防灭火,很难取得很好的效果。根据新集二矿采空区漏风规律知,采空区的主要漏风通道为采空区的回风侧,因此要实现采空区的堵漏,就必须对采空区回风侧加强封堵。采取的封堵措施为:在回风侧填充复合发泡封堵材料,让垮落的岩石和堵漏材料一起形成密闭墙,有效减少采空区漏风以及改变风流流动方向,从而达到防止采空区遗煤自燃的目的。

6.3.2 工艺流程

根据凝胶泡沫产生流程并结合新集二矿现有注浆系统,采用同 6.1 节相同的发泡参数和注浆工艺,即地面制备凝胶泡沫,将生成的凝胶泡沫通过矿井注浆管路以及工作面回风巷管路注入采空区。

6.3.3 数值模拟

以 210813 综放工作面的具体参数作为依据,利用 Gambit 软件建立工作面三维模型,建模方法同 3.5 节,如图 6-10 所示。整个模型划分的网格数量约为 80 万个,凝胶泡沫管路出口位于采空区深部 30 m。模型建好后,将网格文件导入 Fluent 软件中进行计算和数值模拟。

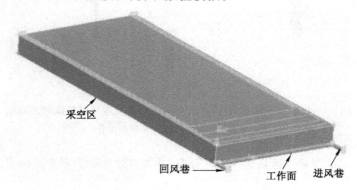

图 6-10　采空区模型特征

6.3.4 效果分析

利用 Fluent 软件对建立的模型进行模拟解算,得到新集二矿 210813 综放工作面采空区注凝胶泡沫前后的氧化带分布图以及注凝胶泡沫前后的漏风区域图,如图 6-11 和图 6-12 所示。

由模拟结果知,210813 综放工作面注凝胶泡沫前的氧化带范围为 35～80 m,注凝胶泡沫后氧化带的宽度缩减为 18～37 m,氧化带范围大大减小。并由图 6-12 可以看出,注凝胶泡沫后采空区的漏风风流区域明显减小,漏风强度也在迅速降低;现场实测漏风风量由原来的 130 m³/min 降为 35 m³/min。因此,该模拟结果说明了凝胶泡沫能够很好地封堵采空区漏风通道,能大大减少

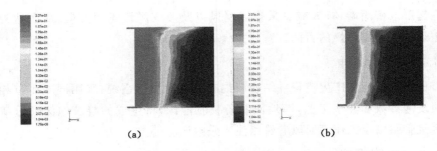

图 6-11　210813 综放工作面注凝胶泡沫前后氧化带分布
(a) 注凝胶泡沫前；(b) 注凝胶泡沫后

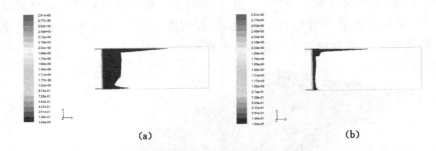

图 6-12　注凝胶泡沫前后 210813 综放工作面采空区底板漏风区域图
(a) 注凝胶泡沫前；(b) 注凝胶泡沫后

采空区漏风,改变采空区自燃"三带"分布,从而有效地防治采空区煤炭自燃。

6.4　本章小结

（1）凝胶泡沫对新集二矿 111300 采煤工作面采空区遗煤自然发火的预防和扑灭,效果相当显著。结果显示,当注入凝胶泡沫后,采空区高温异常点得到了显著抑制,上隅角温度和 CO 浓度迅速下降,保证了采煤工作面的安全回采。

（2）对凝胶泡沫防治 131309 采煤工作面进、回风巷道高冒区遗煤自燃进行了研究。结果表明,当注入凝胶泡沫后,O_2 浓度迅速下降到 8％以下,且长时间维持不变;而注浆 1 d 后,高冒区内的 O_2 浓度又恢复到 12％左右。因此,凝胶泡沫较普通注浆防治煤炭自燃效果显著提高。

（3）对凝胶泡沫封堵采空区漏风性能进行了研究。以新集二矿 210813 采煤工作面为例，采用数值模拟得出，注凝胶泡沫后采空区氧化带范围由 35～80 m 降为 18～37 m；漏风风量由原来的 130 m³/min 缩小到 35 m³/min，大大降低了采空区漏风，从而有效地防治采空区遗煤自燃。

经过现场的工程实践检验及实测应用效果表明，凝胶泡沫防治采空区煤炭自燃及充填高冒区效果显著、特点突出，是一种具有广阔应用前景和推广价值的新型矿用防灭火材料。

7 总结与展望

7.1 主要结论

　　为了高效防治矿井煤炭自燃,提高凝胶和泡沫防治煤自燃的长效性,提出了凝胶泡沫防灭火技术。本书通过理论分析、试验研究和数值模拟等方法,对防治煤自燃的凝胶泡沫及其特性进行了系统研究,得出以下主要结论:

　　(1) 应用界面化学、胶体化学和高分子材料化学等学科知识较系统地提出了凝胶泡沫形成的化学动力学过程和胶凝机理。胶凝机理是当稠化剂和交联剂分散在水中后,在剪切力的作用下,稠化剂分子被分散为无规则线团。当剪切应力消失后,稠化剂分子链内线团侧链与主链间会通过氢键将无规则线团聚结在一起形成类似棒状的双螺旋刚性结构,棒状结构再在稠化剂自身析出的 Na^+、K^+ 以及 Ca^{2+} 的作用下,将溶液中分散的双螺旋结构通过链桥连接在一起而形成螺旋网状聚合体或双螺旋缔合体。此后,聚合体或缔合体结构中的—CH_2OH 与交联剂主链结构中的—CH_2OH 充分碰撞接触,以"—CH_2—O—CH_2—"形式交联形成立体三维网状结构。

　　(2) 研制出了防治煤炭自燃的凝胶泡沫复合添加剂材料。本书测试分析了发泡剂种类、复配浓度,聚合物配比、质量浓度,pH 值等对凝胶泡沫性能的影响;研制出的凝胶泡沫复合添加剂材料发泡效果好、成胶时间可控,常温常压下少量添加剂即可快速制备出均匀、细腻、稳定的凝胶泡沫,且操作过程简便快捷。

　　(3) 对凝胶泡沫流变学性质进行了试验研究。结果发现,稠化剂和交联剂质量浓度越大,形成的凝胶泡沫黏度越高;当稠化剂和交联剂质量浓度均为 3‰时,触变性能最佳;当发泡倍数为 20 倍时,凝胶泡沫的表观黏度最大;随外加盐价位和浓度的增大,凝胶泡沫表观黏度均降低;随着 pH 值的增加,表观黏度随之先增大后减小,且表现出对酸度较为敏感的特性;随温度的升高,表观黏度下降,并通过回归分析,求得稠化剂和交联剂质量浓度均为3‰的凝胶泡沫的黏流活化能为27.10 kJ/mol。根据剪切应力与剪切速率的关系,建立了剪切应力-剪切速率的数学表达式,并由此计算出凝胶泡沫的屈服应力,表明凝胶泡沫是一种带有屈服应力的假塑性流体。

(4)采用Fluent软件对凝胶泡沫在不同倾角采空区的扩散堆积情况进行了数值模拟。研究表明,采煤工作面倾角是凝胶泡沫在采空区扩散宽度的重要影响因素。当采煤工作面倾角为5°时,扩散宽度为34.2 m;当倾角增加到15°时,扩散宽度缩减到20.3 m。但采煤工作面倾角对堆积高度影响不大,如倾角由5°提高到15°时,堆积高度仅从3.51 m增加到3.61 m。

(5)对凝胶泡沫的成膜性能进行了研究。利用AFM试验观察了稠化剂和交联剂的成膜过程及成膜微观形貌,结果表明当且仅当稠化剂和交联剂共混时才能交联形成致密表面膜,且随着其质量浓度的提高,膜的厚度越来越大。通过对水蒸气透过率的测定,结果显示表面膜具有良好的阻水蒸气性能,进而提高了表面膜对可燃物的隔氧效果。通过对表面膜吸水性的测试,结果发现表面膜的吸水性达自身重量的60～70倍。最后对表面膜的热辐射阻隔性和堵漏风性进行了测试,结果显示表面膜能够显著降低外界对可燃物的热辐射,使可燃物表面温度下降40 ℃以上;且表面膜能承受2 500 Pa以上的风压,能够很好地隔绝煤氧结合。

(6)对凝胶泡沫的防灭火性能进行了分析,包括抗温性、抗烧性、凝结堵漏性等。结果表明,凝胶泡沫抗温性较普通两相泡沫显著提高,随着稠化剂和交联剂质量浓度的提高,抗温时间增长,随发泡倍数的提高,抗温时间缩短;抗烧时间为347 min,是水的13.88倍、两相泡沫的6.20倍;凝胶泡沫凝结碎煤样占原始煤样的57％～93.8％(1 d后),10 d后仍高达13.4％～52.6％。

(7)利用煤自燃特性测试仪研究了凝胶泡沫防止煤炭自燃的特性。研究表明,凝胶泡沫具有良好的阻化效果,能有效地减缓煤的氧化放热速率,抑制煤温升高和CO的释放。试验表明,要释放相同浓度的CO,加了1％凝胶泡沫的煤样比原始煤样要提高20～30 ℃,且经计算100 ℃时其阻化率高达68.63％。

(8)对凝胶泡沫扑灭煤堆火有效性进行了试验研究。结果表明,扑灭相同大小的煤火,凝胶泡沫体积使用量仅为普通泡沫的九分之一,灭火时间不到普通泡沫的一半。灭火时间随稠化剂和交联剂质量浓度的提高,先缩短后增长,当质量浓度均为 3‰时,灭火时间最短,效率最高。

(9)凝胶泡沫技术在新集二矿 111300 采煤工作面采空区和 131309 采煤工作面进、回风巷道高冒区获得了应用。现场应用结果表明,凝胶泡沫对采空区不明位置火源以及高冒区防火效果显著。

7.2　主要创新点

(1)提出了具有延迟交联的弱凝胶特征的凝胶泡沫防灭火技术,揭示了凝胶泡沫体系内稠化剂和交联剂相互作用的物理化学过程及机制。凝胶泡沫既具有凝胶的性质,又具有泡沫的性质,兼有注泡沫、注凝胶和注复合胶体的优点。其交联机理是稠化剂溶于水后,分子链间形成螺旋网状聚合体或双螺旋缔合体,聚合体或缔合体结构中的活性基团与交联剂主链结构中的活性基团充分碰撞接触,从而交联形成立体三维网状结构。

(2)首次研制出具有成膜功能的高效防灭火凝胶泡沫材料,揭示了凝胶泡沫成膜的影响因素及成膜后的防热辐射和封堵漏风特性。该致密表面膜由稠化剂和交联剂在凝胶泡沫界面缩聚过程中相互交联所致,表面膜覆盖层一方面阻止气体的通过,具有持久隔绝氧气的性能;另一方面阻碍热量的传递,具有良好的防热辐射性能。

(3)建立了凝胶泡沫在煤矿采空区流动的数学模型,揭示了凝胶泡沫在采空区流动、扩散及堆积特征。采用 Fluent 数值模拟软件,通过凝胶泡沫流变学方程、结合采空区孔隙率和渗透率等参数,实现了对凝胶泡沫在采空区流动特性的数值模拟。

7.3　今后研究工作的展望

凝胶泡沫防灭火技术是三相泡沫技术的扩展,在矿井煤自燃防治领域优势突出,应用前景广阔。但对于凝胶泡沫防灭火技术来说,仍然有一些问题需要做进一步的研究:

(1)凝胶泡沫的稳定性和胶凝机理仍需进一步的理论分析和测试,可借助相关设备对聚合物间官能团的相互作用力进行量化分析,同时结合有机聚合物的结构模型以及泡沫的空间结构,对凝胶泡沫开展形态学研究。

（2）进一步研究凝胶泡沫在采空区渗流的微观过程,揭示泡沫在渗流过程中的流固耦合特性。

（3）推广凝胶泡沫在全国范围内的现场应用,特别是针对煤田火灾的降温、覆盖和堵漏的应用基础研究,丰富不同防灭火条件下的应用工艺。

防治煤自燃的凝胶泡沫及特性研究

133

参 考 文 献

[1] 滕吉文,乔勇虎,宋鹏汉.我国煤炭需求、探查潜力与高效利用分析[J].地球物理学报,2016,59(12):4633-4653.

[2] 刘峰,李树志.我国转型煤矿井下空间资源开发利用新方向探讨[J].煤炭学报,2017,42(9):2205-2213.

[3] 范静丽,王蓬涛.2013—2014年中国能源流分析[J].北京理工大学学报(社会科学版),2017,19(1):41-46.

[4] XIAOHAN ZHANG,NIVEN WINCHESTER,XILIANG ZHANG. The future of coal in China[J]. Energy Policy,2017(110):644-652.

[5] MANZHI LIU,MENG CHEN,GANG HE. The origin and protect of billion-ton coal production capacity in China[J]. Resources,Conservation and Recycling,2017(125):70-85.

[6] 袁亮,秦勇,程远平,等.我国煤层气矿井中-长期抽采规模情景预测[J].煤炭学报,2013,38(4):529-534.

[7] JIUPING XU,JINGQI DAI,HEPING XIE,et al. Coal utilization eco-paradigm towards an integrated energy system[J]. Energy Policy,2017(109):370-381.

[8] 滕吉文,张永谦,阮小敏.发展可再生能源和新能源与必须深层次思考的几个科学问题——非化石能源发展的必由之路[J].地球物理学进展,2010,25(4):1115-1152.

[9] 周西华.双高矿井采场自燃与爆炸特性及防治技术研究[D].阜新:辽宁工程技术大学,2006.

[10] 吴玉国.神东矿区综采工作面采空区常温条件下CO产生与运移规律研究及应用[D].阜新:辽宁工程技术大学,2015.

[11] LEILIN ZHANG,BOTAO QIN,BIMING SHI,et al. The fire extinguishing performances of foamed gel in coal mine[J]. Natural Hazards,2016,81(3):1957-1969.

[12] 谭永杰.中国的煤田自燃灾害及其防治对策[J].煤田地质与勘探,2000,28(6):8-10.

[13] 张勇.新疆煤田火灾及其治理技术[J].中国西部科技,2011,10(4):1-2.

[14] 王瑞.准格尔煤田火区灭火方法的合理选择及应用研究[D].太原:太原理工大学,2014.

[15] 张人伟,李增华.新型凝胶阻化剂的研究与应用[J].中国矿业大学学报,1995,24(4):46-51.

[16] SINGH A K,SINGH R,SINGH M P,et al. Mine fire gas indices and their application to Indian underground coal mine fires[J]. International Journal of Coal Geology,2007,69(3):192-204.

[17] WU J J,LIU X C. Risk assessment of underground coal fire development at regional scale[J]. International Journal of Coal Geology,2011,86(1SI):87-94.

[18] SINGH R,TRIPATHI D D,SINGH V K. Evaluation of suitable technology for prevention and control of spontaneous heating/fire in coal mines[J]. Archives of Mining Sciences,2008,53(4):555-564.

[19] ZHOU F B,REN W X,WANG D M,et al. Application of three-phase foam to fight an extraordinarily serious coal mine fire[J]. International Journal of Coal Geology,2006,67(1-2):95-100.

[20] 王德明.矿井火灾学[M].徐州:中国矿业大学出版社,2008:158-241.

[21] 靳建伟,吕智海.煤矿安全[M].北京:煤炭工业出版社,2005:94-120.

[22] 梁志强.新型矿山充填胶凝材料的研究与应用综述[J].金属矿山,2015,44(6):164-170.

[23] 刘匀.关于加强揭露煤层的安全管理[J].煤炭技术,2006,25(11):142-143.

[24] 曹凯,张祎.综放采空区遗煤自燃高效阻化泡沫防治技术[J].煤炭科学技术,2015,43(4):67-70.

[25] 梁运涛,罗海珠.中国煤矿火灾防治技术现状与趋势[J].煤炭学报,2008,33(2):126-130.

[26] 丁盛,高宗飞,周福宝,等.浅埋藏、大漏风火区均压防灭火技术应用[J].中国煤炭,2010,36(6):107-110.

[27] CHUNDONG SUN, ZHANTAO LI, LI CHEN,et al. Inert technology application for fire treatment in dead and referred to high gassy mine[J]. Procedia Engineering,2011(26):712-716.

[28] 邓军,孙宝亮,费金彪,等.胶体防灭火技术在煤层露头火灾治理中的应用[J].煤炭科

学技术,2007,35(11):58-60.

[29] 李金庆.罗克休在破碎型顶板掘进施工中的应用[J].煤炭技术,2007,26(7):89-91.

[30] 王德明.矿井防灭火新技术——三相泡沫[J].煤矿安全,2004,35(7):16-18.

[31] 田兆君,王德明,徐永亮,等.矿用防灭火凝胶泡沫的研究[J].中国矿业大学学报,2010,39(2):169-172.

[32] 秦波涛,张雷林.防治煤炭自燃的多相凝胶泡沫制备试验研究[J].中南大学学报(自然科学版),2013,44(11):4652-4657.

[33] 张宇,廖光煊.一种新型高铺展性水成膜泡沫的性质以及灭火性能研究[J].火灾科学,2008,17(1):1-7.

[34] 肖进新,高展,王明皓,等.水成膜泡沫灭火剂性能的实验室测定方法[J].化学研究与应用,2008,20(5):569-573.

[35] 于水军,余明高,谢锋承,等.无机发泡胶凝材料防治高冒区托顶煤自燃火灾[J].中国矿业大学学报,2010,39(2):173-177.

[36] 于水军,赵红,孟国栋,等.一种新型泡沫凝胶成胶时间及灭火特性的试验研究[J].火灾科学,2013,22(4):219-226.

[37] 尚志国,苏果,董玉杰.泡沫凝胶选择性堵水剂的研制与应用[J].钻采工艺,2000,23(1):70-71.

[38] 陈启斌,马宝歧,倪炳华.泡沫凝胶性质的几种影响因素[J].华东理工大学学报(自然科学版),2007,33(1):71-74.

[39] 张荣.生化模型分子酰胺/水缔合体系的研究[D].杭州:浙江大学,2002.

[40] 王世荣,李祥高,刘东志.表面活性剂化学[M].北京:化学工业出版社,2010:29-72.

[41] 田童童,巩子路,朱新荣,等.蛋白质氧化对乳清分离蛋白功能性质的影响[J].现代食品科技,2014,30(7):110-116.

[42] 赵众从.缔合聚合物泡沫压裂液体系研究[D].成都:西南石油大学,2015.

[43] 李兴维.丙烯酸/丙烯酰胺/蒙脱石三元共聚高吸水凝胶泡沫在煤矿防灭火的应用研究[D].青岛:山东科技大学,2011.

[44] 李欣.添加剂对水性乳液体系润滑性能影响的研究[D].沈阳:沈阳理工大学,2012.

[45] 夏凌云.发泡剂在轻质注浆材料中的应用[D].长沙:中南大学,2011.

[46] 梅海燕,董汉平,顾鸿军,等.起泡剂稳定性能评价试验[J].新疆石油地质,2004,25(6):644-646.

[47] 郭东红,何羽薇,郑晓波,等.泡沫稳定剂增强泡沫稳定性的研究[J].精细与专用化学

防治煤自燃的凝胶泡沫及特性研究

品,2009,17(7):13-15.

[48] 端祥刚,侯吉瑞,李实,等.耐油起泡剂的研究现状与发展趋势[J].石油化工,2013,42
(8):935-940.

[49] 朱慧,吴伟都,潘永明,等.黄原胶与阴离子瓜尔胶复配溶液的流变特性研究[J].中国
食品学报,2014,14(5):55-62.

[50] 吴伟都,朱慧,王雅琼,等.CMC与黄原胶复配溶液的流变特性研究[J].中国食品添
加剂,2013(2):94-103.

[51] 黄成栋,白雪芳,杜昱光.黄原胶(Xanthan Gum)的特性、生产及应用[J].微生物学通
报,2005,32(2):91-98.

[52] 王元兰,黄寿恩,李忠海.黄原胶与瓜尔豆胶混胶黏度的影响因素及微结构研究[J].
中国食品学报,2009,9(4):118-123.

[53] 王文波,王爱勤.交联度对瓜尔胶-g-聚丙烯酸/腐植酸钠高吸水性树脂性能的影响
[J].高分子材料科学与工程,2009,25(12):41-44.

[54] 李永康.泡沫整理发泡原液及其泡沫性能的研究和在生产中的应用[D].上海:东华
大学,2008.

[55] 路艳华,林杰.涤纶织物环保阻燃整理技术[M].北京:中国纺织出版社,2016.

[56] 黄晋,孙其诚.液态泡沫渗流的机理研究进展[J].力学进展,2007(2):269-278.

[57] 孙其诚,黄晋.液态泡沫结构及其稳定性[J].物理,2006(12):1050-1054.

[58] 徐燕莉.表面活性剂的功能[M].北京:化学工业出版社,2000.

[59] 刘祖鹏,李兆敏,郑炜博,等.多相泡沫体系稳定性研究[J].石油化工高等学校学报,
2012,25(4):42-47.

[60] 蔡业彬,国明成,彭玉成,等.泡沫塑料加工过程中的气泡成核理论(Ⅰ)——经典成
核理论及述评[J].塑料科技,2005,167(3):11-16.

[61] KWOK D Y,CHEUNG L K,PARK C B,et al. Study on the surface tensions of poly-
mer melts using axisymmetric drop shape analysis[J]. Polymer Engineering and Sci-
ence,1998,38(5):757-764.

[62] 龙政军.压裂液添加剂对压裂液性能及效果的影响分析(Ⅰ)——稠化剂和交联剂的
影响[J].石油与天然气化工,2000,29(6):314-316.

[63] 曹亚,李惠林.CMC系列高分子表面活性剂与原油超低界面张力形成机理的研究
[J].高等学校化学学报,2001,22(2):312-316.

[64] 金光勇,何志强,方云,等.新型伸展型表面活性剂辛基聚氧丙烯(9)聚氧乙烯(6)硫

防治煤自燃的凝胶泡沫及特性研究

酸酯钠/磺酸钠的合成及其性能[J].石油化工,2014,43(3):310-315.

[65] 王正武,李干佐,李英,等.皂荚素及其复配体系表面活性的研究[J].日用化学工业,2000,30(6):1-4.

[66] 邱任拯,蔡颖.含极性基团表面活性剂分子间氢键相互作用[J].日用化学品科学,2012,35(2):18-21.

[67] 李和平.精细化工工艺学[M].北京:科学出版社,2012.

[68] 胡福增.材料表界面[M].上海:华东理工大学出版社,2007.

[69] 王蒙蒙,郭东红.泡沫剂的发泡性能及其影响因素[J].精细石油化工进展,2007,8(12):40-44.

[70] 刘宏生,孙刚,韩培慧,等.发泡剂表面扩张性质与泡沫性能的关系[J].大庆石油地质与开放,2015,34(1):121-125.

[71] 王元兰,黄寿恩,李忠海.黄原胶与瓜尔豆胶混胶黏度的影响因素及微结构研究[J].中国食品学报,2009,9(4):118-123.

[72] 何东保,黎丽华.阳离子瓜尔胶与黄原胶的凝胶化性能研究[J].武汉大学学报(理学版),2003,49(2):197-200.

[73] 张星,李兆敏,孙仁远,等.聚合物流变性试验研究[J].新疆石油地质,2006,27(2):197-199.

[74] 张伏,付三玲,佟金,等.玉米淀粉糊的流变学特性分析[J].农业工程学报,2008,24(9):294-297.

[75] 周睿,曹龙奎,包鸿慧.联羧甲基玉米淀粉流变学特性的研究[J].食品科技,2009,34(2):242-246.

[76] 刘洪军,李冬健,刘佳.水基 ZrB_2 膏体的挤出流变行为研究[J].中国陶瓷,2013,49(7):24-27.

[77] 王洪武.多相复合膏体充填料配比与输送参数优化[D].长沙:中南大学,2010.

[78] 禹燕飞,李明义,赵文斌,等.不同直径光滑圆管中黄原胶溶液流动减阻特性的试验研究[J].试验流体力学,2014,28(5):18-23.

[79] 张敏革,张吕鸿,姜斌,等.非牛顿流体搅拌流场的数值模拟研究进展[J].化工进展,2009,28(8):1296-1301.

[80] 冯新雅.剪切增稠流体的动态响应及其在防护结构中的应用[D].北京:北京理工大学,2014.

[81] 钱利娇.胶凝材料与减水剂的相容性研究[D].上海:同济大学,2014.

[82] 顾宏新.羧甲基羟丙基瓜尔胶的制备与表征[D].成都:四川大学,2007.

[83] 刘科.触变性研究新进展[J].胶体与聚合物,2003,21(3):31-33.

[84] 周建芳,张黎明,PERTER S HUI.两性瓜尔胶衍生物溶液的流变特征[J].物理化学学报,2003,19(11):1081-1084.

[85] 王玉忠.高分子凝胶的结构与流变性[J].山东纺织工学院学报,1992,7(2):25-32.

[86] 唐美芳,方波,苏创,等.羧甲基瓜尔胶水溶液流变特性研究[J].油田化学,2011,28(2):196-200.

[87] 贺珂,潘志东,王燕民.魔芋葡甘聚糖脱除乙酰基的机械力化学效应[J].高分子材料科学与工程,2009,25(2):134-137.

[88] 龚蕾,杨建中,杨成,等.阳离子型纤维素醚溶液性质的研究[J].高分子材料科学与工程,2007,23(5):108-111.

[89] 林霖.多组分压缩空气泡沫特性表征及灭火有效性试验研究[D].合肥:中国科学技术大学,2007.

[90] 唐亚陆,胡光.增透膜反射率与膜层折射率及煤厚之间的关系[J].淮阴工学院学报,2008,17(3):86-88.

[91] 夏德宏,吴永红,李树柯.薄膜材料的热辐射穿透深度研究[J].热科学与技术,2003,2(3):271-274.

[92] 刘德生,陈小榆,周承富.温度对泡沫稳定性的影响[J].钻井液与完井液,2006,23(4):10-12.

[93] 黄文红,刘玮,杨吉祥.高性能硬胶泡沫钻井液体系的研究及应用[J].钻井液与完井液,2008,25(4):20-22.

[94] 陆银龙,王连国,唐芙蓉,等.煤炭地下气化过程中温度-应力耦合作用下燃空区覆岩裂隙演化规律[J].煤炭学报,2012,37(8):1292-1298.

[95] 王鑫阳,LUO YI,张勋,等.基于绝热氧化试验结果的煤自燃预测模型研究[J].中国安全科学学报,2017,27(6):67-72.

[96] 曹楠.高瓦斯综采工作面煤层自燃封闭火区治理技术研究[D].西安:西安科技大学,2012.

[97] 隋涛.粉煤灰凝胶防灭火技术在煤矿中的研究应用[D].太原:太原理工大学,2007.

[98] 肖辉,杜翠凤.新型高聚物煤自燃阻化剂的试验研究[J].安全与环境学报,2006,6(1):46-48.

[99] 张嬿妮.煤氧化自燃微观特征及其宏观表征研究[D].西安:西安科技大学,2012.

防治煤自燃的凝胶泡沫及特性研究

[100] 梁运涛.煤自然发火期快速预测研究[D].杭州:浙江大学,2010.

[101] 陆伟,王德明,陈舸,等.煤自燃阻化剂性能评价的程序升温氧化法研究[J].矿业安全与环保,2005,32(6):12-14.

[102] 田兆君,王德明,徐永亮,等.凝胶泡沫的阻化特性研究[J].煤矿安全,2009,40(6):8-10.

[103] 沈钟,赵振国,康万利.胶体与表面化学[M].4版.北京:化学工业出版社,2012.

[104] 王惠宾,汪远东,卢平.煤层注水中添加湿润剂的研究[J].煤炭学报,1994,19(2):151-160.

[105] 陈绍杰,金龙哲,马德翔.煤临界表面张力测定及分析[J].煤矿安全,2012,43(11):161-162.

防治煤自燃的凝胶泡沫及特性研究